激发孩子创意的科学实验游戏

陈经平　主编

U0385941

黑龙江科学技术出版社
HEILONGJIANG SCIENCE AND TECHNOLOGY PRESS

图书在版编目（CIP）数据

激发孩子创意的科学实验游戏 / 陈经平主编 . -- 哈尔滨：黑龙江科学技术出版社，2022.4
ISBN 978-7-5719-1219-2

Ⅰ. ①激… Ⅱ. ①陈… Ⅲ. ①科学实验－儿童读物
Ⅳ. ① N33-49

中国版本图书馆 CIP 数据核字 (2021) 第 243543 号

激发孩子创意的科学实验游戏

JIFA HAIZI CHUANGYI DE KEXUE SHIYAN YOUXI

作　　者　陈经平
项目总监　薛方闻
责任编辑　马远洋
策　　划　深圳市金版文化发展股份有限公司
封面设计　深圳市金版文化发展股份有限公司
出　　版　黑龙江科学技术出版社
　　　　　地址：哈尔滨市南岗区公安街 70-2 号　邮编：150007
　　　　　电话：（0451）53642106　传真：（0451）53642143
　　　　　网址：www.lkcbs.cn
发　　行　全国新华书店
印　　刷　深圳市雅佳图印刷有限公司
开　　本　720 mm × 1016 mm　1/16
印　　张　10
字　　数　120 千字
版　　次　2022 年 4 月第 1 版
印　　次　2022 年 4 月第 1 次印刷
书　　号　ISBN 978-7-5719-1219-2
定　　价　39.80 元

【版权所有，请勿翻印、转载】
本社常年法律顾问：黑龙江博润律师事务所　张春雨

序言

气球吹不大？蜡烛吹不灭？冰块切不断？你知道原理是什么吗？你知道风力是怎么提供能量的吗？你知道怎样让糖块溶解得更快吗？种子发芽一定需要阳光吗？你了解植物的向光性和向地性吗？你想知道的科学小疑问，都可以在本书中找到答案。

这是一本通过你和爸爸妈妈一起来玩科学游戏，使你了解科学趣味的图书。本书包含了40多个关于科学的话题，能帮助你理解物理学、化学、生物学、天文学和气象学中的基本原理。全书内容极为丰富，通过实验游戏、魔术、制作工艺品和发明新玩具的方式，让你在玩耍中学习科学知识，并在游戏中获得成功的喜悦。

本书文字通俗易懂，图片精美，形式新颖，极其适合青少年阅读。实验内容奇妙有趣，易操作，毫无危险性，让你在家就能做奇妙有趣的科学实验！简单易操作的科学游戏不但能够开阔你的眼界，而且会让爸爸妈妈成为你学习的好伙伴。

在玩耍中快乐实验吧！

体验科学的神奇之处！

实验所带给你的期待与惊喜，一定会伴随你成长。

目录

CONTENTS

第一章 神奇的实验

科学小制作

第四章 观察实验细细看

第五章 有趣的实用科学

第六章 科学加油站

第一章

神奇的实验

纸蜘蛛活了

你相信用纸做出来的蜘蛛也会动吗？我们来试一下吧！

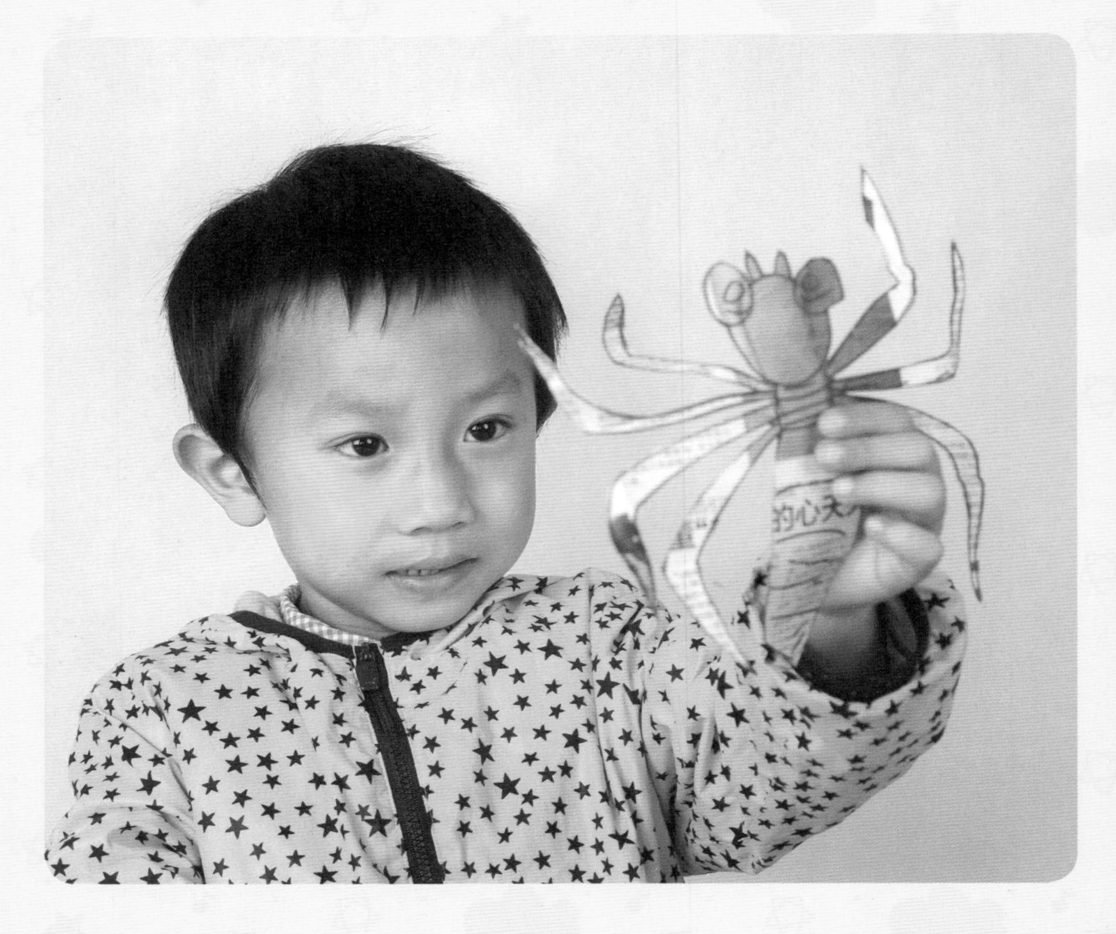

你需要准备的材料

★ 一张报纸

★ 一把剪刀

★ 一条干毛巾

实验方法

1 在报纸上画一只和普通笔记本一样大小的蜘蛛。

2 用剪刀把报纸上的蜘蛛剪下来。

3 把剪下来的纸蜘蛛放在桌子上，用干毛巾来回摩擦几次。

4 把纸蜘蛛从桌子上拿起来，观察纸蜘蛛的动态。

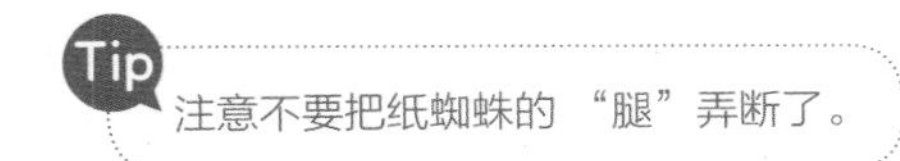

纸蜘蛛好像有了生命一样，八条腿来回摆动。

妈妈，为什么纸蜘蛛的腿会动？

报纸被毛巾摩擦后带电，因为每个纸片带的电荷都是同电性的，根据同性电荷相排斥的原理，它们一接触到对方就会马上分开，我们就会看到纸蜘蛛的腿来回摆动了。

知识延伸：静电的应用

静电除尘

静电除尘，具有效率高的优点。现在很多空气净化器就是用静电吸除空气中的细小的尘埃，从而净化空气。静电在环境保护中发挥着重要的作用。

除尘器由金属管A和悬在管中的金属丝B组成，A接到高压电源的正极，B接到高压电源的负极，它们之间有很强的电场，而且距B越近，场强越大。B附近的空气分子被强电场电离，成为电子和正离子。正离子被吸到B上，得到电子，又成为分子。电子在向着正极A运动的过程中，遇到烟气中的粉尘，使粉尘带负电，吸附到正极A上，最后在重力的作用下落入下面的漏斗中。静电除尘用于粉尘较多的各种场所，可除去有害的微粒，或者回收物资，如回收水泥粉尘。

静电喷涂

静电喷涂是使油漆微粒带电，油漆微粒在电场力的作用下向着作为电极的工件运动，并沉积在工件的表面，完成喷漆的工作。用静电喷涂会非常均匀，常用于家用电器如洗衣机、电冰箱的外壳喷漆。

静电喷雾

在农业中，利用静电喷雾能大大提高农药喷施的效率并降低农药的使用量，既经济又环保。静电还有很多应用。静电处理过的种子抗病能力增强，病害发生减少，而且发芽率高，产量得到提高。

纸做的小鱼也会游动

你相信用纸做出来的小鱼也能在水中游动吗？我们来试一下吧！

你需要准备的材料

- ★ 一个水盆
- ★ 一张硬纸板
- ★ 一把剪刀
- ★ 清水
- ★ 洗洁精（或其他洗涤剂）

实验方法

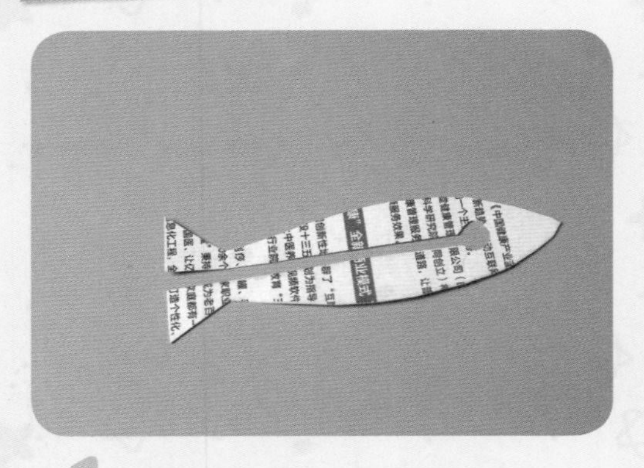

1 在硬纸板上剪下一条鱼的模型。

2 向水盆里倒入清水。

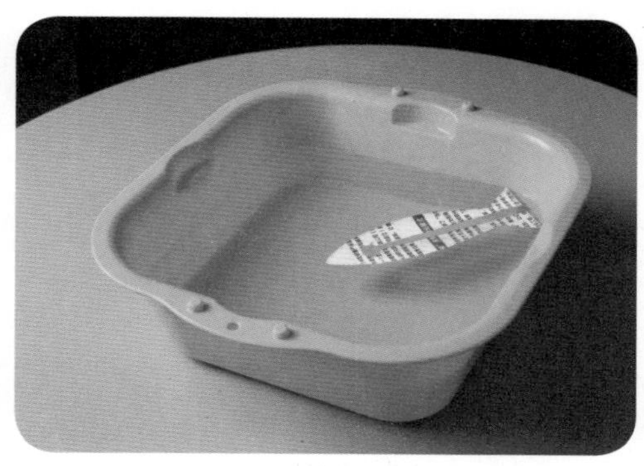

3 把纸鱼放进水盆里。

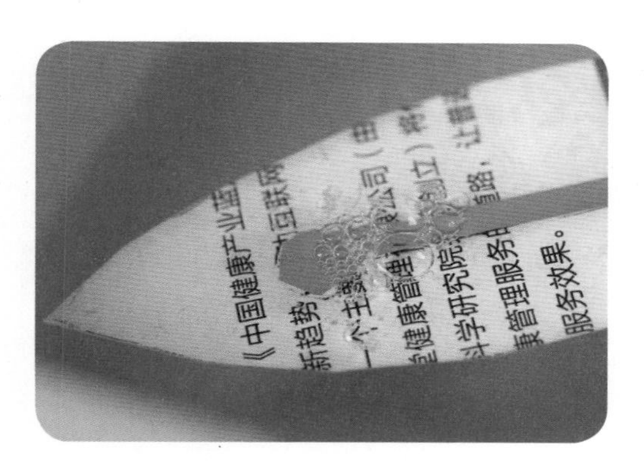

4 向纸鱼的头部的圆圈中间滴一滴洗洁精。

水盆里的纸鱼开始游动了。

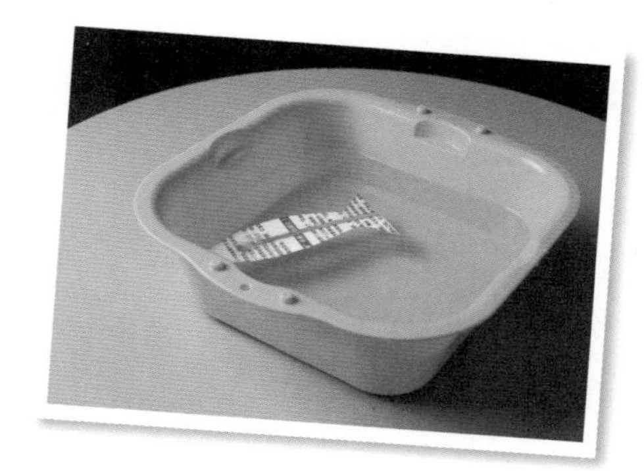

妈妈，纸做的鱼也能游动吗？

纸做的小鱼虽然没有生命，但是我们却有办法让鱼在水里游动。这是因为刚开始纸鱼被放进水盆里时，水分子在各个方向上的拉力相等，能够相互抵消，所以纸鱼就静止不动了。当我们滴入洗洁精后，水分子的这种拉力平衡遭到了破坏，洗洁精沿着圆圈往后流动的时候，就破坏了纸鱼尾巴上的水的拉力，但是纸鱼的头部的拉力仍然存在，在这个拉力下，纸鱼就向前游动了。

不会爆的气球

我们都知道，充满气的气球只要碰到尖锐的东西，就会“啪”的一声爆炸。但是，我们可以借助其他物品，就算用针去刺气球，气球也不会立刻爆炸，我们试试吧。

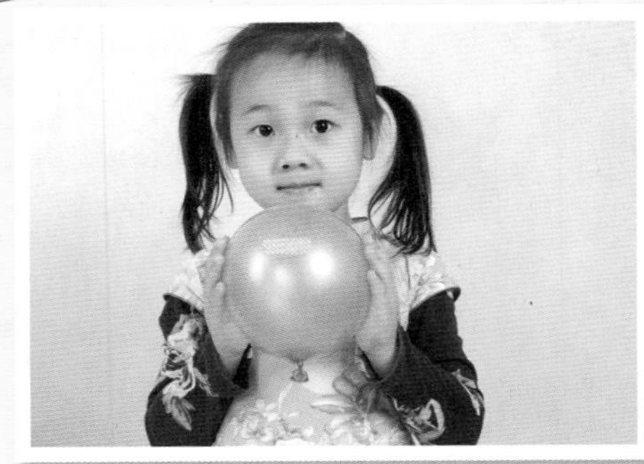

你需要准备的材料

★ 两只气球

★ 胶布

★ 一根针

实验方法

1 把两只气球吹足气，并将口扎紧，准备做一个对比小实验。

2 用针把其中一只气球扎破。

3 用胶布贴在另一只气球上。

4 用针从贴着胶布的地方把气球扎破。

看看结果吧

没有贴胶布的气球，针一扎就“啪”的一声爆炸了，而贴了胶布的气球被针扎后，气从针孔处慢慢冒出来，气球慢慢地瘪下去。

妈妈，为什么第二个气球不会爆炸？

当气球被扎破时，释放的空气会造成一股压力，橡胶和胶布对这种压力的反应是不一样的。在没有贴胶布时，由于橡胶脆而薄，当气球内被压缩的空气从扎破的小孔冲出时，气球便一下子被撑破了，同时发出很大的声响。但是胶布比较坚固，它可以承受住空气冲出时造成的压力，所以才不会突然破裂。

吹不大的气球

我们平时吹的气球，只要稍微用力就能把气球吹大。那么会不会有吹不大的气球呢？我们试一试吧。

你需要准备的材料

★ 一个塑料瓶

★ 一个气球

实验方法

1 将气球塞进瓶里。

2 将气球口反扣在瓶口上。

3 用嘴对瓶口用力吹气。

尽管你用最大的力气吹气球，气球也只不过大了一点儿，但怎么都鼓不起来。

妈妈，为什么气球吹不起来呢？

瓶子内本来是有空气的，当你把气球口反扣在瓶口上后，这些空气就被密封在瓶内。当你向里面吹气时，瓶内空气的体积被压缩而减小。所以，瓶内的压强增大，对气球的压力也增大，当瓶内的压力和吹气球产生的压力相当时，气球就无法吹大了。

吹不灭的蜡烛

如果在一种情况下，蜡烛是吹不灭的，你猜猜会是什么情况？我们一起来试一下吧！

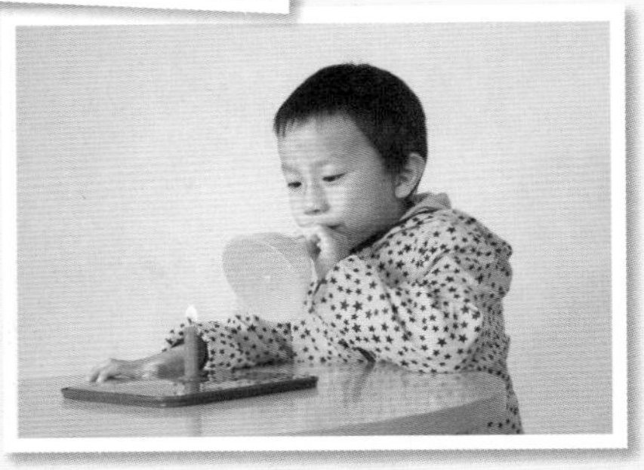

你需要准备的材料

★ 一根蜡烛
★ 一个小漏斗
★ 一个打火机
★ 一个平盘

实验方法

1 把蜡烛点燃后固定在平盘上。

2 对着火焰吹气。

3 再次点燃蜡烛。

4 把漏斗的小口对着火焰用力吹气。

5 把漏斗的宽口对着火焰用力吹气。

看看结果吧

由漏斗的宽口到小口吹气时，火焰很容易就被吹灭了；但由漏斗的小口到宽口吹气时，不管怎么吹，蜡烛都不会被吹灭。

妈妈，为什么蜡烛吹不灭呢？

你吹出来的气体，经由漏斗的小口到宽口时，吹出的空气是沿着漏斗的边缘扩散出去的（这是因为流体大多数都具有沿着物体表面流动的性质），因此漏斗中部的空气反而变得非常稀薄、气压减弱，于是，蜡烛的火焰不但不会灭，反而会向漏斗倾斜靠近（这是因为空气会从高压区向低压区流动来保持压力平衡）。

神奇的纸

一张普通的纸却能托住一整杯水，你知道这是怎么做到的吗？我们来试一试吧。

你需要准备的材料

- ★ 一只玻璃杯
- ★ 一张平整的纸
- ★ 清水

Tip

1.杯子里的水一定要加满。
2.纸和杯子一定要紧紧贴合在一起。
3.将杯子倒过来的时候，动作一定要迅速。

实验方法

1 往杯子里灌满水。

2 把平整的纸慢慢地盖在瓶口上，让纸紧紧地与瓶口贴合在一起。

3 拿起杯子，并把杯子迅速倒转过来。

4 提起杯子。

水没有流出来，反而被纸稳稳地托住了。

妈妈，为什么一张纸可以托住这么重的水？

因为在装满水的杯子里，空气的压力已经很小了，加上水的表面有张力，可以让水稳定住，所以是空气和纸一起托住了杯子中的水。

把箭头的方向变换

我们在一张纸上画一个箭头，放在一杯水的后面，看看会发生什么神奇的事情吧。

你需要准备的材料

★ 一张白纸

★ 一支笔

★ 一个柱形玻璃杯

★ 清水

实验方法

1 用笔在纸上画一个箭头。

2 将清水倒入玻璃杯中，水面要略高些。

3 把纸放在水杯后面，并从前面透过玻璃杯观察箭头。

原本指向左的箭头竟然指向右了。

？妈妈，为什么箭头的方向会改变？

当光透过媒介照射到某一物体上时，光的传播方向会发生改变，这就是折射。在这个实验中，光从空气中穿过玻璃杯，又穿过水，使光在到达你眼前的时候方向已经发生了改变，以至于箭头的指向好像真的发生了改变一样。

气球越想吹开却靠得越近

我们往两个气球中间吹气，两个气球不但没有分开，还贴得更近了，我们看看气球的运动到底有多奇怪吧。

你需要准备的材料

- ★ 两个气球
- ★ 两根细线
- ★ 一根吸管

实验方法

1 将两个气球吹到一样大，并用细线将它们系好。

2 将两个气球相距约2厘米悬挂起来。

3 用吸管在气球中间吹气。

看看结果吧

两个气球没有被吹开，反而靠得更近了。

妈妈，为什么气球没有分开，反而靠得更近了呢？

当你用吸管吹气的时候，两只气球之间的空气就会因变得更稀薄而使压力下降。但是两只气球外侧的空气保持着原有的压力，这样，气球外侧的压力就会把气球推到一起。

漂浮的小针

缝衣针虽然很轻，但想要使它漂浮在水面上却很困难，我们想想怎样才能使一根针漂浮在水面上吧。

你需要准备的材料

- ★ 一根缝衣针
- ★ 一只水杯
- ★ 一张纸巾
- ★ 清水

实验方法

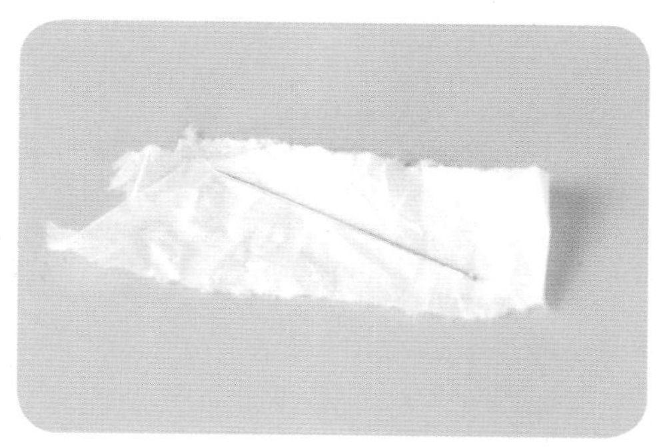

1 往杯子里加入清水。

2 将纸巾撕小，使它能够放入杯中。

3 将针摆在纸上，一起放入杯子里。

看看结果吧

当纸巾被水浸透后沉到杯底，而金属针却浮在水面上。

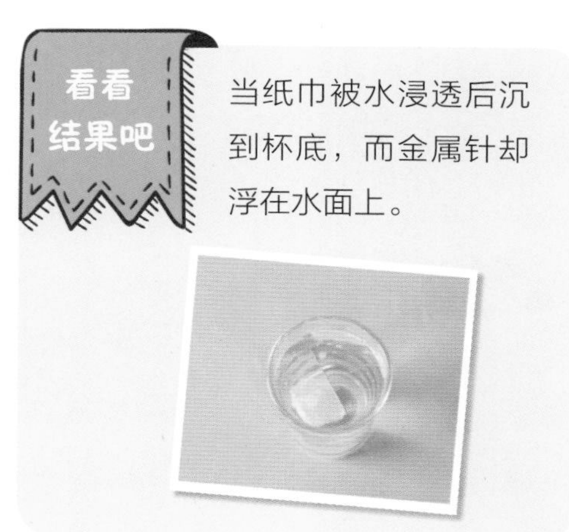

妈妈，为什么针可以浮在水面上？

金属针之所以能够浮在水面上，是因为水面的水分子聚集在一起，在水面上形成了表面张力的缘故，这种表面张力足以支撑像针这样轻巧的物体。但这种表面张力非常容易被破坏，如果将针直接放入水中，尖细的针便会轻易地将这种力破坏，而放入纸巾后，水会慢慢地浸透纸巾，水分子就有时间重新在水面聚集起来，小针就能漂浮在水面上了。

知识延伸：水黾的浮水原理

据研究人员发现，水黾的腿能排开300倍于其身体体积的水量，这就是这种昆虫的非凡浮力的原因。水黾的一条长腿就能在水面上支撑起15倍于身体的重量而不会沉没。水黾会以极快的速度在水面上滑行以捕捉猎物。水黾的多毛腿一次能够在水面上划出4毫米长的波纹。它在水面上每秒钟可滑行100倍于身体长度的距离。

水黾腿部上有数千根按同一方向排列的多层微米尺寸的刚毛。人的头发的直径在80~100微米，而这些像针一样的微米刚毛的直径不足3微米，表面上形成螺旋状纳米结构的沟槽，吸附在构槽中的气泡形成气垫，从而让水黾能够在水面上自由地穿梭滑行，却不会将腿弄湿。

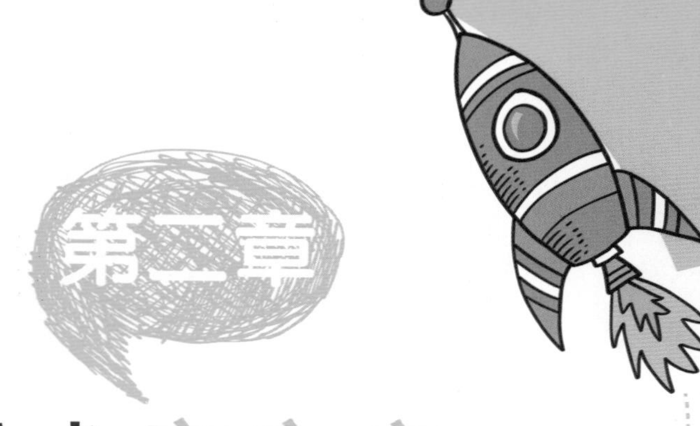

第二章

魔术变变变

神奇的莫比乌斯带

（此实验游戏需要在家长的监督下进行，并注意安全）

把四个纸环从中间剪开，会出现四种不同的神奇效果，我们试一试吧。

你需要准备的材料

★ 四张长条纸带　★ 一瓶胶水　★ 一把剪刀

实验方法一

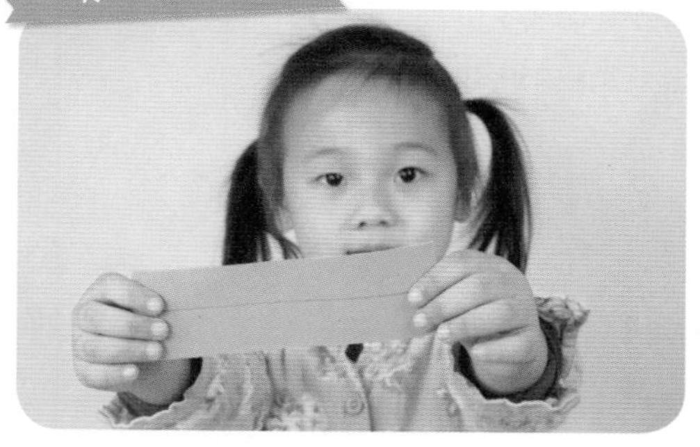

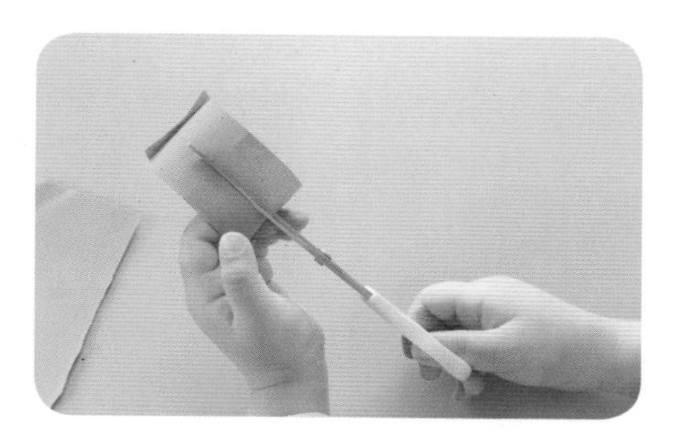

1 把一条纸带的两端用胶水粘起来，形成一个纸环。

2 用剪刀将纸带从中间剪开。

看看结果吧

纸带剪开后是两个独立的纸环。

实验方法二

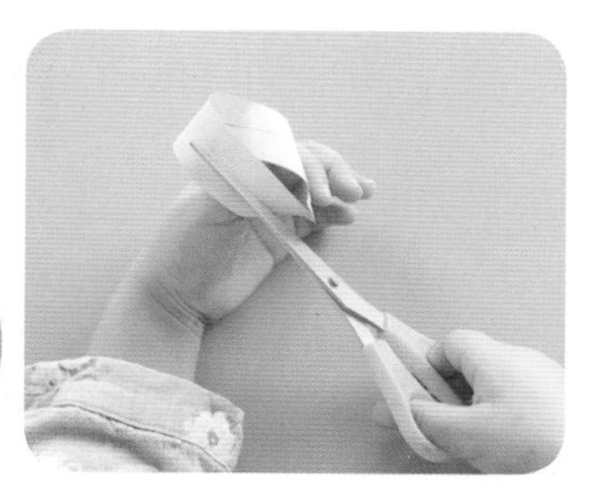

1 一条纸带，一面画上虚线，旋转半圈后，用胶水把两端粘起来，形成一个纸环。

2 用剪刀将纸带沿虚线剪开。

看看结果吧

纸带剪开后成了更大的纸环。

实验方法三

1 一条纸带，一面画上虚线，旋转一整圈后，把两端粘起来，形成一个纸环。

2 用剪刀将纸带沿虚线剪开。

纸带剪开后成了两个套在一起的纸环。

实验方法四

1 一条纸带，一面画上虚线，旋转半圈后，用胶水把两端粘起来，形成一个纸环。

2 用剪刀将纸带沿虚线剪开。

Tip

奥古斯特·费迪南德·莫比乌斯

德国的数学家和天文学家，他最著名的成就是发现了三维欧几里得空间中的一种奇特的二维单面环状结构。也就是既没有正面也没有背面的纸带，沿着一面不知不觉就会走到纸带上相反的一面。

看看结果吧

纸带剪开后成了两个大小不一样的套在一起的纸环。

吹吹气就让水变色

（此实验游戏需要在家长的监督下进行，并注意安全）

吹一口气就能让一杯水变色，就像变魔术一样，我们试一试吧。

你需要准备的材料

- ★ 两个玻璃杯
- ★ 适量石灰
- ★ 一根吸管
- ★ 水

实验方法

1 取一些石灰放进玻璃杯中，搅拌。

2 静置5分钟，等石灰沉淀后，将沉淀物上方的无色透明的液体倒入另外一个玻璃杯中。

3 用吸管向杯中无色透明的液体里吹气。

看看结果吧

无色透明的液体变混浊了，再次吹气时，液体又从混浊变成了无色透明。

妈妈，为什么水会变混浊然后又变透明呢？

杯子中的无色透明液体是石灰水，你吹出的气体中含有二氧化碳，石灰水遇上二氧化碳会发生化学反应，形成碳酸钙。碳酸钙是很小的颗粒，在短时间内不容易沉淀，会悬浮在水中，所以我们可以看到液体变混浊。当你继续吹气的时候，杯中的碳酸钙又会和二氧化碳发生化学反应，形成碳酸氢钙，碳酸氢钙溶于水，所以液体又变成了无色透明的。

它们的体积去哪里了？

猜一猜在一个装满水的杯子里可以放多少根大头针？一杯水里又能放进多少糖？

你需要准备的材料

★ 一只玻璃杯

★ 一盒大头针

★ 清水

实验方法一

1 往玻璃杯里倒满清水。

2 用手拿着针头，使针尖先碰到水面，在不让水溅出的情况下，将大头针一根一根地放入水中。

看看结果吧

整盒大头针放入玻璃杯后，仍然不见水溢出来，只是水面会逐渐鼓起来。

你需要准备的材料

★ 白砂糖

★ 清水

★ 两只相同大小的杯子

实验方法二

1 把其中一只杯子装满水，在另外一只杯子里放入白砂糖。

2 将白砂糖一边搅拌一边放入装满水的杯子里。

装满水的杯子可以装下一些白砂糖，而且水没有溢出来。

妈妈，一只装满水的杯子怎么可以装下白糖呢？

水是由水分子构成的，它的结构中有许多肉眼看不见的“空隙”，空隙中可以容纳大量被溶解的分子和原子。将白糖放入水中，糖分子和水分子排列得很紧密，糖分子不会占很大的空间，所以一杯白糖可以轻易地放到一杯水里。

把线圈变圆

将一根线围成一个圈，放在水中，只要一块小肥皂就能让线圈变成饱满的圆，你相信吗？我们试一试吧。

你需要准备的材料

★ 一根棉线

★ 一个碗

★ 一根牙签

★ 一块小肥皂

★ 水

实验方法

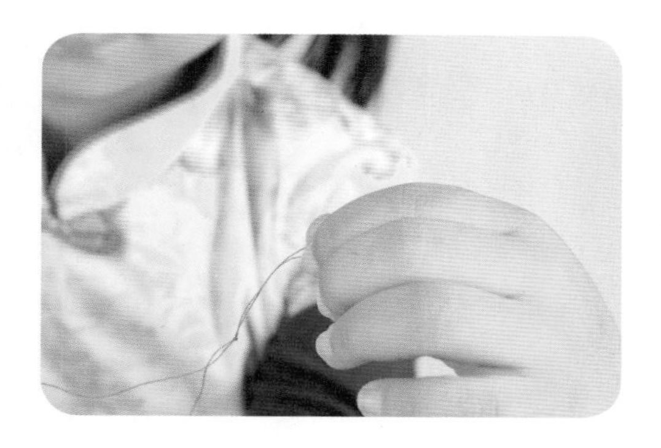

1 用一根棉线围成一个圆圈，打结。

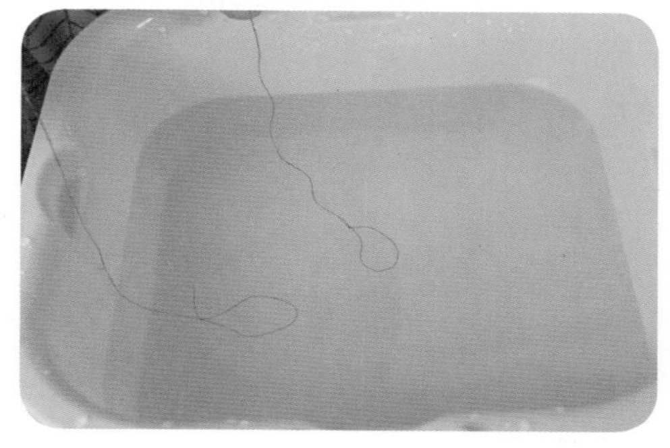

2 把棉线圈放到碗里的水中。

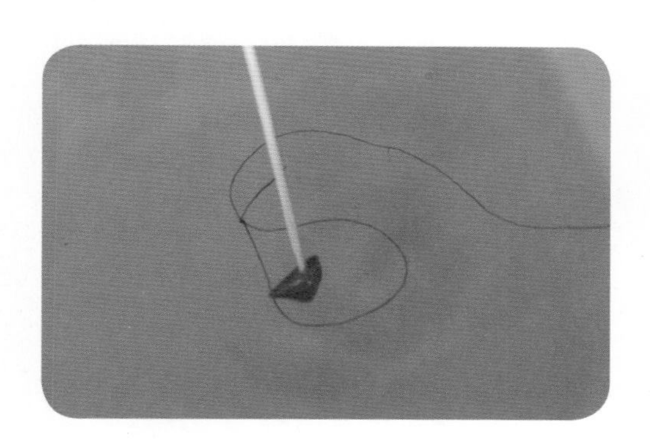

3 在牙签的一端插上一块小肥皂，放到棉线圈中。

看看结果吧

棉线圈立刻就会变成圆形。

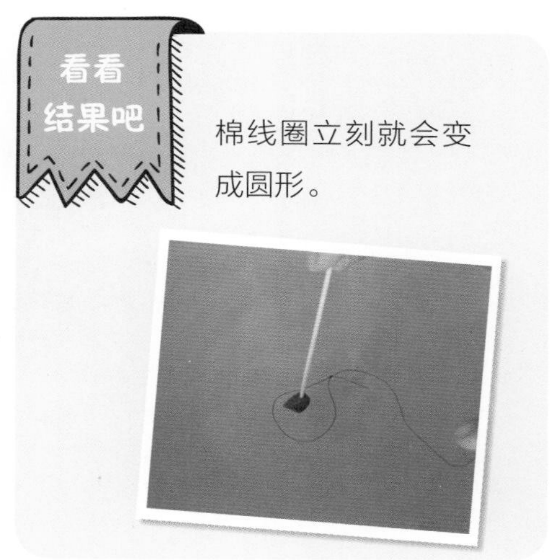

妈妈，为什么线圈会变成圆形呢？

当小肥皂插入棉线圈中时，破坏了水的表面张力，但这时棉线圈外的水的表面张力仍然很大，它从各个方向拉动线圈，棉线圈因此就自动变圆了。

把尺子变成磁铁

我们平时用的金属尺子，做一些简单的处理后，尺子就可以变成磁铁。

你需要准备的材料

★ 一把金属尺子

★ 一块磁铁

★ 一些轻小的金属物体（如回形针、小图钉）

实验方法

1 用磁铁在金属尺子上慢慢地来回摩擦10分钟左右。

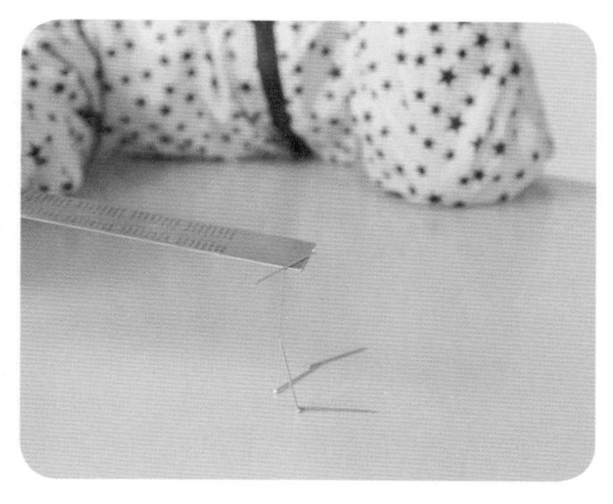

2 用金属尺子去靠近较轻小的金属物体。

看看结果吧

没有经过磁铁摩擦的尺子不能吸引较小的金属；被磁铁摩擦后的金属尺子变成了磁铁，可以吸引较小的金属物体。

妈妈，尺子为什么能吸引较小的金属呢？

构成尺子的金属物质相当于一个个的小磁铁，由于它们磁场方向不同，作用被互相抵消，因而平时尺子没有表现出磁性。但是，用磁铁摩擦尺子后，尺子内的小磁铁的磁场被强行排列成一个方向，尺子就产生了磁性。

筷子也能提米

想象一下一根又细又长的筷子竟然可以提起一杯米，你猜这是怎么办到的？

你需要准备的材料

★ 一个一次性杯子

★ 一杯米

★ 一根筷子

实验方法

1 在塑料杯中装满米。

2 用力将米往下按。

3 用手握住杯子，然后把筷子插进去。

4 用手提起筷子。

杯子竟然和米一起被筷子提起来了。

妈妈，为什么筷子可以这样提起一杯米呢？

用手使劲按住米粒后，杯内的米粒互相挤压，使杯内的部分空气被挤出去了。这时杯外的压强比杯内的大，使得筷子和米粒紧紧结合在一起，所以就可以用筷子连杯带米一起提起来。

“离家出走”的硬币

你相信没有脚的硬币可以自己走出来吗？我们试一下吧。

你需要准备的材料

★ 一个玻璃杯

★ 两个一元硬币

★ 一个一角硬币

★ 一块桌布

实验方法

1 将桌布铺在平整的桌面上。

2 把硬币放在桌布上，两枚一元硬币放在两边，一枚一角硬币放在中间。

3 将杯子倒扣过来，杯子的边放在两枚一元硬币上。

4 用手指轻轻地刮动桌布。

一角硬币会一点点地向杯子外面移动，很快就跑到杯子外面来了。

妈妈，一毛钱硬币为什么会自己跑出来？

因为桌布和硬币的表面都不是十分平滑，当一个物体在另一个物体上拖拉时，它们之间不平整的地方就会产生摩擦力。当你刮动桌布时，摩擦力使硬币跟着桌布移动。但是，桌布“弹”回去的速度远比刮动桌布的速度快，这会让桌布和硬币分开。如果刮动桌布的次数较多，硬币就会从玻璃杯中“逃离”出来。

用线钓冰块

听说过钓冰块吗？只要借助厨房的某种调料就能把冰块钓起来，试一试吧。

你需要准备的材料

- ★ 线
- ★ 食盐
- ★ 浅的杯子
- ★ 小冰块

实验方法

1 把冰块放进杯子里，然后将线的一端搭在冰块上。

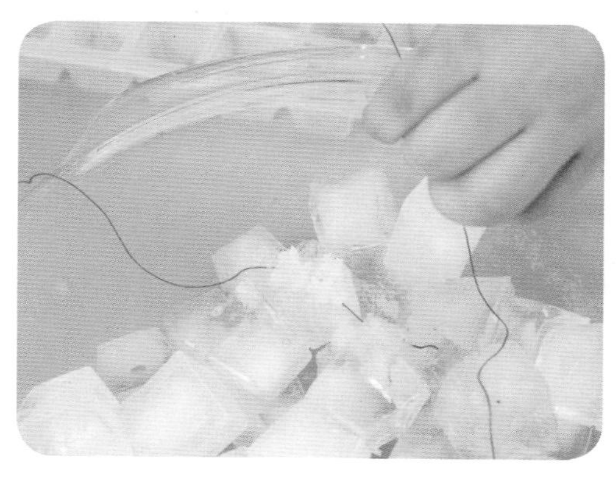

2 往搭在冰块上的线上撒一些食盐。

3 等15秒后轻轻地提起线。

看看结果吧

冰块竟然随着细线被提上来了。

妈妈，为什么冰块会粘住线呢？

因为食盐放在冰上时，冰在低于0℃的温度下也能被融化，把食盐撒在冰块上时，结冰点就会更低，在0℃下结冰的冰块便开始融化。融化的水变成了小水窝，将线埋在里面。随着冰块的融化，盐的咸度逐渐下降，使水的结冰点重新被提高而结冰，于是线就被“埋在”冰块里面了。

魔力气球吸吸吸

（此实验游戏需要在家长的监督下进行，并注意安全）

让气球拥有力量，我们试一试吧！

你需要准备的材料

★ 两个气球

★ 薄彩纸

★ 剪刀

实验方法

1 用剪刀将彩纸剪碎。

2 将气球吹好，在吹口处打结，避免气球漏气。

3 手拿着气球，用头发摩擦气球50下，也可以在干燥的毛巾上反复摩擦几遍。

4 手拿着气球靠近纸碎。

纸碎被吸起来了。可以和妈妈来一场比赛，看谁吸的纸碎多。

妈妈，气球怎么能把纸碎吸起来呢？

所有的东西都带有正电和负电，但大多数东西所带的正负电一样多，互相抵消，所以我们感觉不到电的存在。当两样东西相互摩擦后，其中一样东西的负电就会跑到另外一样东西上。结果正电比负电多的东西，便带了正电；负电比正电多的东西，便带了负电。而带电体能够吸引轻小的物体，所以纸碎就被吸起来了。

瓶子变小了

一个普普通通的瓶子是怎么变小的呢？我们做个实验看看吧。

你需要准备的材料

- ★ 温开水
- ★ 一个塑料瓶

实验方法

1 将温开水倒入塑料瓶中，停留半分钟左右。

2 将瓶中的温开水倒掉，迅速拧紧盖子。

3 将瓶子放入冰箱中，一分钟后拿出。

看看结果吧

此时的瓶子已经瘪下去了。

妈妈，瓶子为什么会自己变小呢？

瓶子一开始装了温开水，瓶内的空气被加热而膨胀，所以一部分空气溢出瓶外。盖紧瓶盖后，瓶内空气逐渐冷却，使得瓶子内的气压降低，瓶子外的气压比瓶内的高，所以瓶子就被压瘪了。

知识延伸：热胀冷缩的现象

水银温度计

水银温度计的作用原理是水银的热胀冷缩。当温度升高时，水银膨胀，水银柱上升；温度降低时，水银柱下降。水银温度计的极限量程为-39～357℃，常用量程为-30～300℃，测量的精度较高，适合测量较高的温度。如果是测量较低的温度，可使用酒精温度计，其极限量程为-113.5～78.4℃，常用量程为-110～50℃。

建筑伸缩缝

建筑伸缩缝指的是：为防止建筑物构件由于气候温度变化（热胀、冷缩）使结构产生裂缝或破坏，沿建筑物或者构筑物施工缝方向的适当部位设置的一条构造缝。伸缩缝将基础以上的建筑构件如墙体、楼板、屋顶（木屋顶除外）分成两个独立的部分，使建筑物或构筑物沿此方向可做水平伸缩。

第三章

科学小制作

制作防雾眼镜

（此实验游戏需要在家长的监督下进行，并注意安全）

戴眼镜的人一定有这样的经历，冬天吃热腾腾的面条时，镜片马上就会变得雾蒙蒙的，什么也看不清。我们可以通过简单的处理，来避免这种事情的发生，试一试吧。

你需要准备的材料

★ 一副眼镜

★ 一瓶洗洁精

★ 一杯开水

实验方法

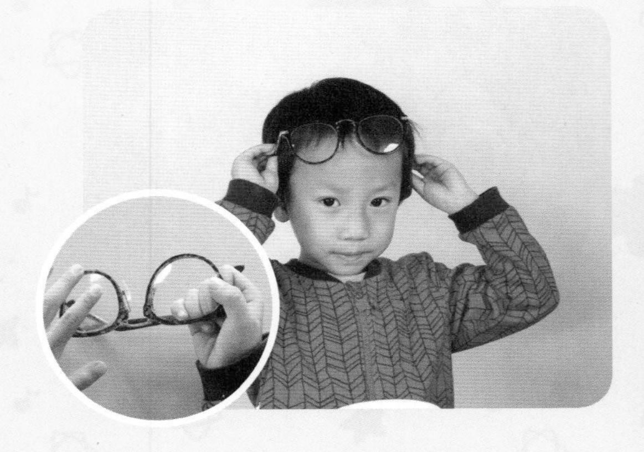

1 往眼镜的一只镜片上涂一层薄薄的洗洁精，另一只镜片上不涂。

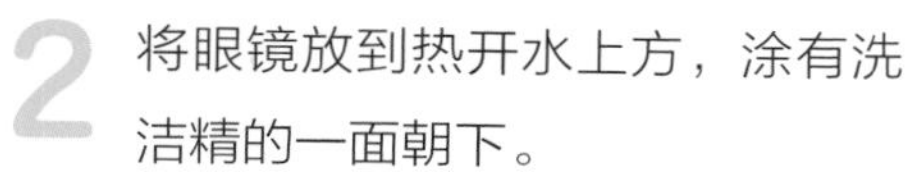

2 将眼镜放到热开水上方，涂有洗洁精的一面朝下。

3 停留几秒后，再把眼镜拿开。

涂有洗洁精的镜片仍然是透明的，而没有涂的镜片上布满了小水珠。

妈妈，为什么涂了洗洁精的眼镜不怕蒙上雾气？

水蒸气碰到镜片遇冷后凝结成小水珠，这些小水珠因为水的表面张力，不能到处流动，只能收缩成球形或者半球形，使光线散射，所以镜片看上去是雾蒙蒙的。而洗洁精可以破坏水的表面张力，水没有了张力，只能四处流动，均匀地覆盖在镜片上，所以镜片看上去仍然是透明的。

自制灭火器

（此实验游戏需要在家长的监督下进行，并注意安全）

你知道我们常用的灭火器的原理是什么吗？我们试着自己动手做一个吧。

你需要准备的材料

★ 一个空的塑料瓶

★ 适量小苏打

★ 适量白醋

★ 一片纸巾

实验方法

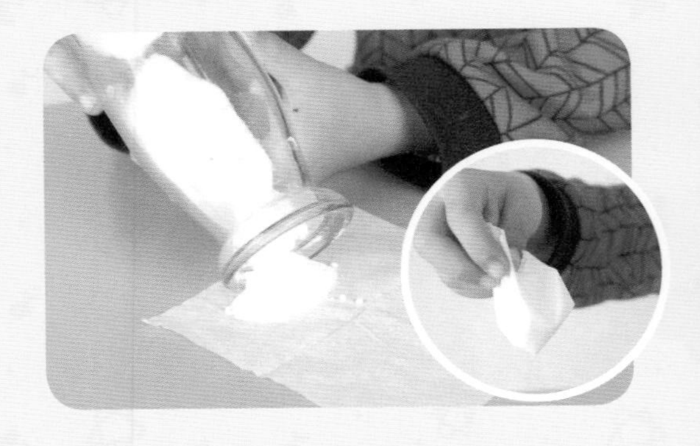

1 用纸巾将少许小苏打粉包起来。

2 将包好的小苏打粉放到塑料瓶中，倒入白醋，迅速盖好盖子，观察情况。

塑料瓶的盖子很快就被推开，一些泡沫喷了出来，像灭火器一样。

妈妈，灭火器灭火的原理是什么呢？

小苏打和醋发生化学反应，生成可以抑制燃烧的二氧化碳气体，这时塑料盒的容积是不变的。当生成的气体逐渐增多，对塑料盒造成的压力达到一定值时就会推开瓶盖，气体和液体混合而形成的泡沫也就随之出来了。

知识延伸：灭火器

泡沫灭火器

泡沫灭火器灭火时，能够喷射出大量的二氧化碳及泡沫，它们能够黏附在可燃物上，使可燃物与空气隔绝，达到灭火的目的。

灭火原理：泡沫灭火器内有两个容器，分别盛放两种液体，它们是硫酸铝和碳酸氢钠溶液，两种溶液互不接触，不发生任何化学反应（平时千万不能碰倒泡沫灭火器）。当需要使用泡沫灭火器时，把灭火器倒立，两种溶液混合在一起，就会产生大量的二氧化碳气体。除了两种反应物外，灭火器中还加入了一些发泡剂。打开开关，泡沫从灭火器中喷出，覆盖在燃烧物品上使燃着的物质与空气隔离，并降低温度，达到灭火的目的。

适用范围：由于泡沫灭火器喷出的泡沫中含有大量水分，所以它不如二氧化碳液体灭火器。后者灭火后不污染物质，不留痕迹。

可用来扑灭木材、棉布等燃烧引起的失火，还能扑救油类等可燃液体火灾，但不能扑救带电设备和醇、酮、酯、醚等有机溶剂引起的火灾。

二氧化碳灭火器

灭火原理： 在加压时将液态二氧化碳压缩在小钢瓶中，灭火时再将其喷出，有降温和隔绝空气的作用。

适用范围： 用来扑灭图书、档案、贵重设备、精密仪器、600伏以下电气设备及油类的初起火灾。

使用方法： 使用时，应首先将灭火器提到起火地点，放下灭火器，拔出保险栓，一只手握住喇叭筒根部的手柄，另一只手紧握启闭阀的压把。对没有喷射软管的二氧化碳灭火器，应把喇叭筒往上扳70°～90°。使用时，不能直接用手抓住喇叭筒外壁或金属连接管，防止手被冻伤。在使用二氧化碳灭火器时，在室外使用的，应选择上风方向喷射；在室内狭小空间使用的，灭火后操作者应迅速离开，以防窒息。

自制纸杯旋转灯

（此实验游戏需要在家长的监督下进行，并注意安全）

有没有办法在不对纸杯施加力的情况下，让纸杯自己转动呢？我们试一试吧。

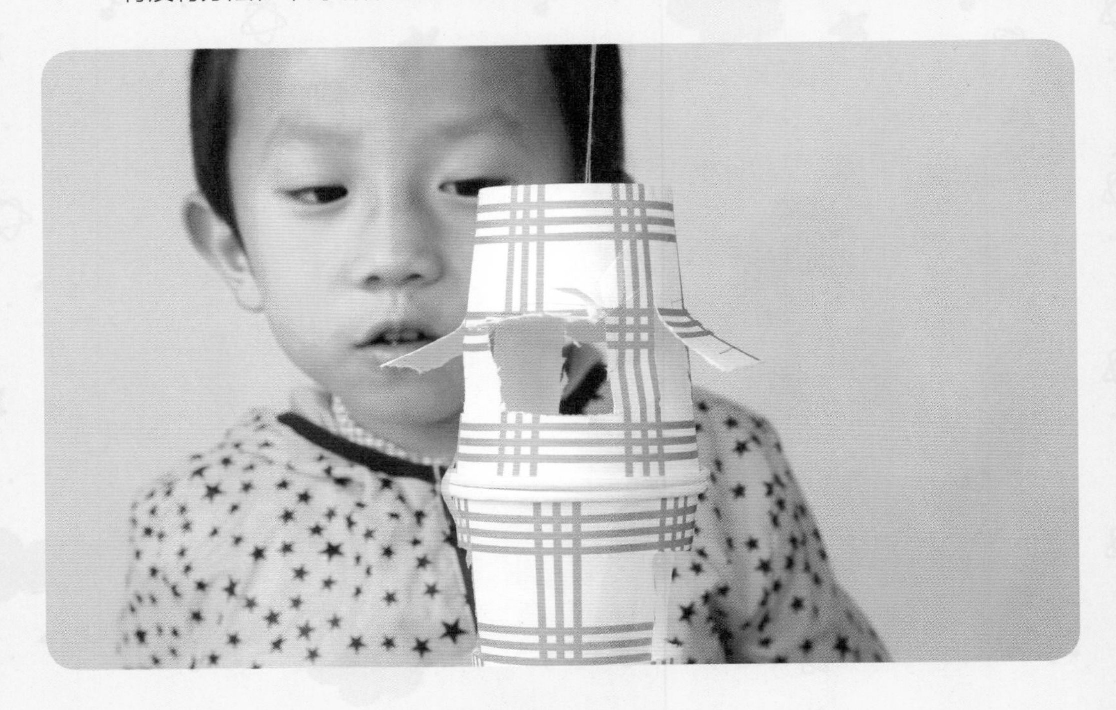

你需要准备的材料

- ★ 两个纸杯
- ★ 一根蜡烛
- ★ 一卷胶带
- ★ 一根绳子
- ★ 一把剪刀

实验方法

1 取一个纸杯，在杯身对称处各剪开一个方形大口。

2 在杯底固定上蜡烛，作为灯的底座。

3 另一个纸杯则在杯身约等距离位置剪出四个长方形的扇叶，在杯底中央处穿上绳子，作为灯的上座。

4 将两个纸杯上下对口，用胶带贴好固定。

5 点燃蜡烛，提起绳子，观察现象。

在蜡烛燃烧的时候，纸杯灯仿佛受到了一种神奇力量的支配，开始旋转。

妈妈，为什么纸杯会旋转呢？

蜡烛在燃烧的时候，火焰尖端多呈朝上的方向。空气受热会上升，然后沿着上方纸杯的扇叶口流动，因而造成旋转的现象。

自制指南针

（此实验游戏需要在家长的监督下进行，并注意安全）

一根小小的铁针，经过简单的处理后，可以变成能够辨别方向的指南针呢。

你需要准备的材料

- ★ 一根针
- ★ 剪刀
- ★ 磁铁
- ★ 防水纸片
- ★ 杯子
- ★ 水

摩擦的时候要保持方向一致。

实验方法

1 把纸剪成一个小圆，放在水面上。

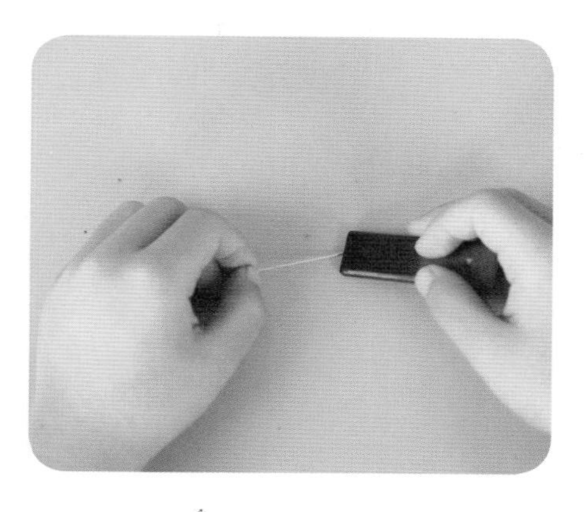

2 用针的粗头在磁铁的一端摩擦50下。

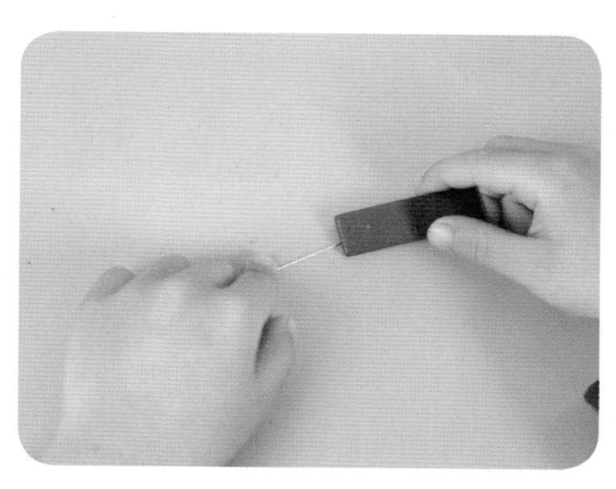

3 用针的细头在磁铁的另一端也摩擦50下。

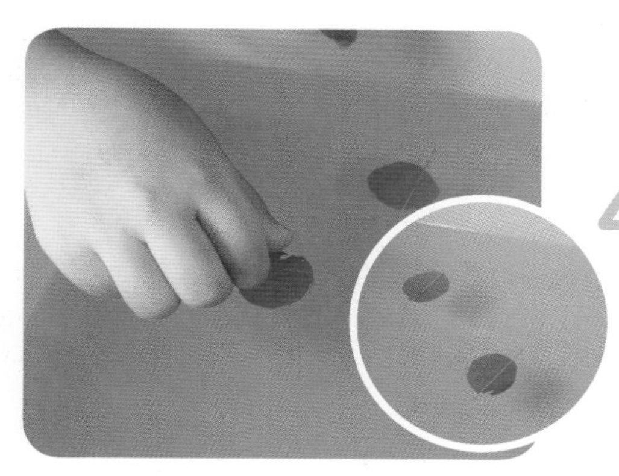

4 把针轻轻放在纸片上，试着转动纸片。当纸片静止后，看看纸片上的针的两端分别指向哪两个方向。

待纸片静止后，针的两端正好分别指向南北两个方向。

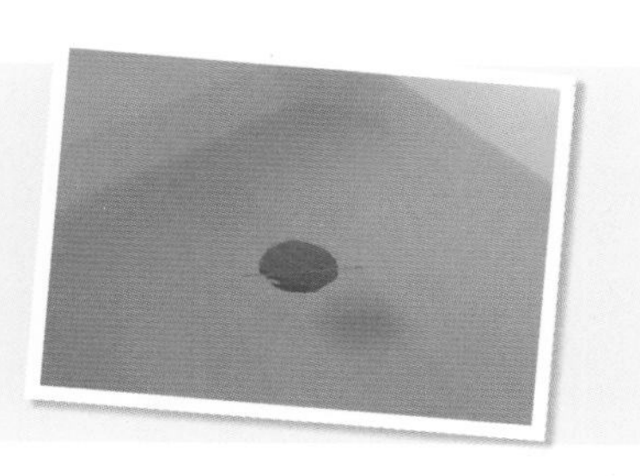

妈妈，为什么小针可以指南北呢？

地球本身就是一个大磁体，有它的南北两极。针在磁铁上摩擦后也有了自己的南北两极，有了自己的磁场，因此，针在静止后分别指向南北两个方向。

自制潜望镜

潜望镜指从海面下伸出海面或从低洼坑道伸出地面，用以窥探海面或地面上活动的装置，我们尝试一下自己做吧。

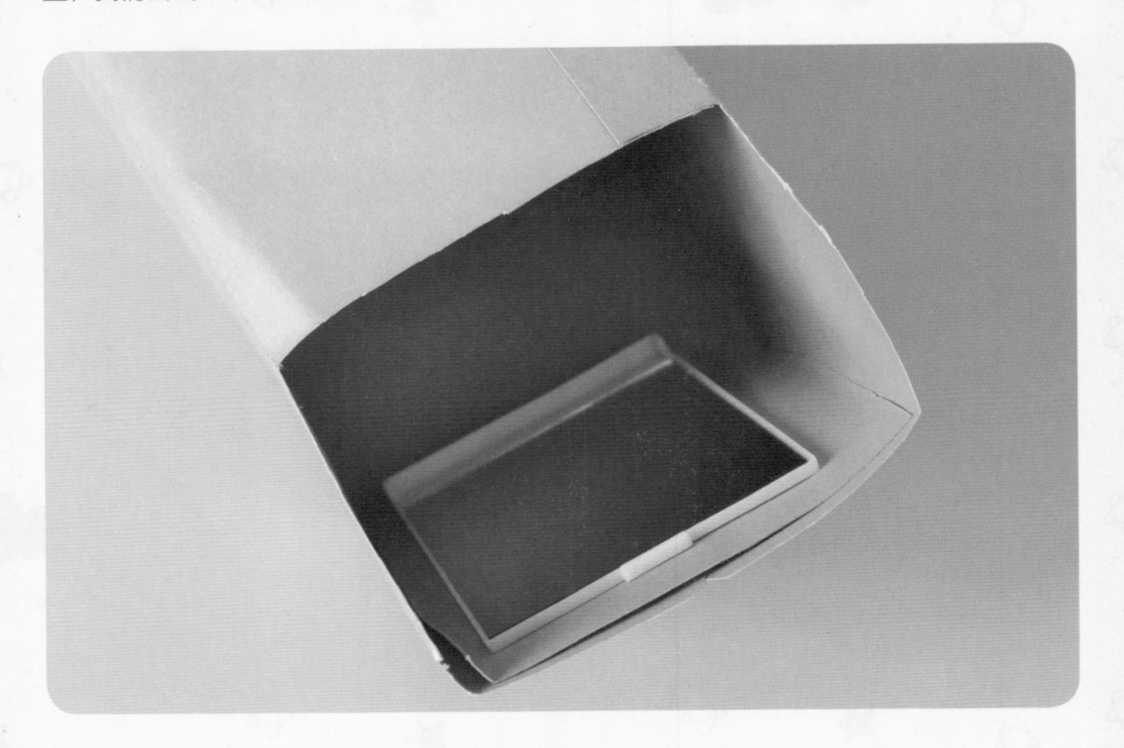

你需要准备的材料

★ 两块小镜子
★ 硬纸片
★ 双面胶

实验方法

1 用硬纸片折一个长方体，两头剪开，如图。

2 把小镜子分别贴在硬纸片上。

3 调整好角度，将底部贴起来，然后看其中一个镜子。

通过自制潜望镜看见了不同角度的映象。

妈妈，潜望镜的原理是什么呢？

潜望镜是根据光的反射现象以及光路设计原理制作的。潜望镜的用途很广，在战壕里观察前方的战况，在坦克的驾驶室里观察目标，在潜水艇里进行水下观察，潜望镜都是不可或缺的工具。

自制钓鱼玩具

（此实验游戏需要在家长的监督下进行，并注意安全）

在家里钓鱼是一件非常有趣的事情呢。先做一个钓鱼竿，然后做一些鱼，和妈妈在家里比赛，看看谁钓的鱼多吧。

你需要准备的材料

- ★ 剪刀
- ★ 装有水的盆
- ★ 回形针
- ★ 防水纸
- ★ 筷子
- ★ 磁铁
- ★ 细线

实验方法

1 在纸上画出鱼的形状，然后用剪刀把它剪下来。

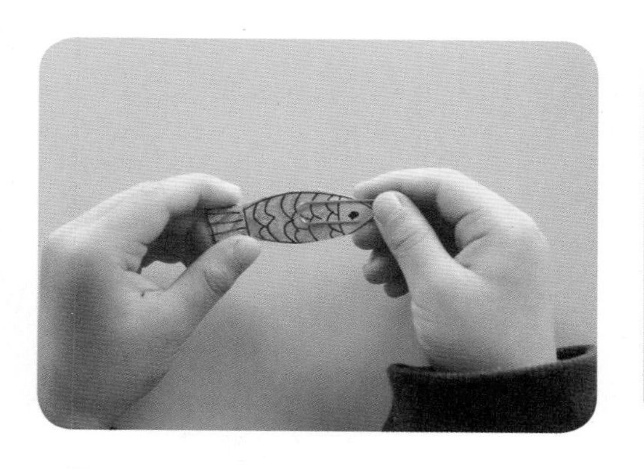

2 把回形针别在每条纸鱼的身上。

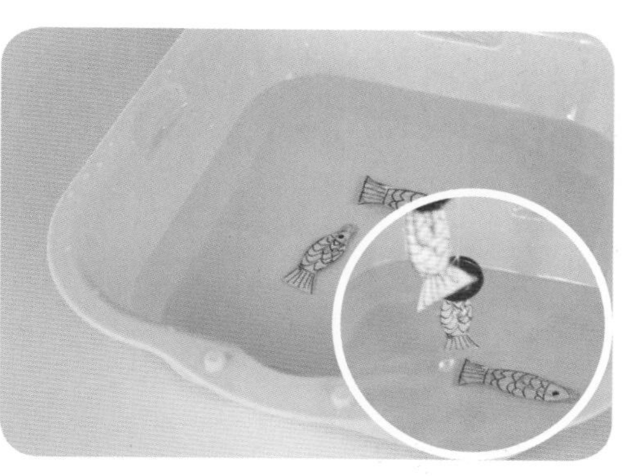

3 轻轻地将纸鱼放到水盆里，尽量让纸鱼浮在水面上，沉下也没有关系。

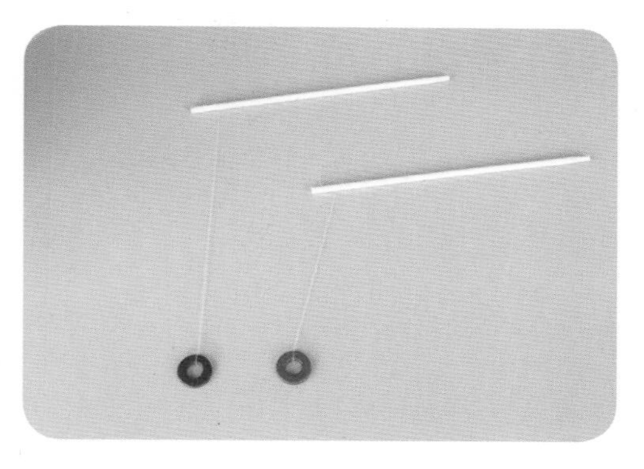

4 把细线的一端系在磁铁上，另一端系在筷子上。

5 用磁铁做的鱼饵钓鱼。

磁铁能顺利地把“鱼”一条条钓上来。

妈妈，为什么磁铁能把纸做的鱼“钓”上来？

事实上，磁铁能够吸引的是回形针而不是纸。这个游戏利用了磁铁的磁性，铁制的回形针被吸到磁铁上。

纸杯有线电话

（此实验游戏需要在家长的监督下进行，并注意安全）

我们用纸杯可以做一个能够清楚听见对方说话的电话机，你相信吗？

你需要准备的材料

★ 两个一次性纸杯

★ 一根长线

★ 一根缝衣针

实验方法

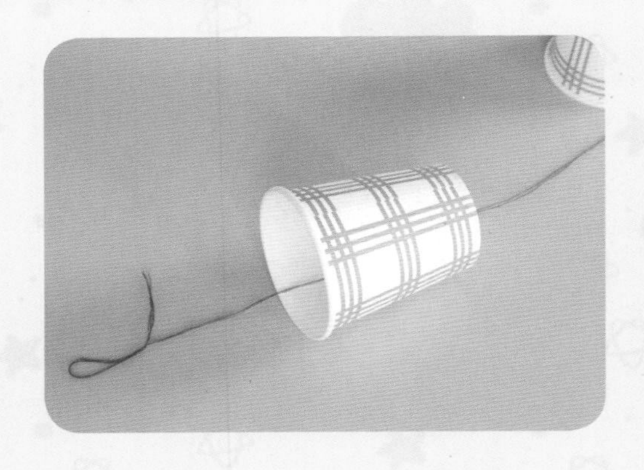

1 将细线穿在针孔上。

2 利用缝衣针将细线穿过两个纸杯的底部。

3 将细线的两端打结，拉紧棉线。

4 试一下和小伙伴对话吧。

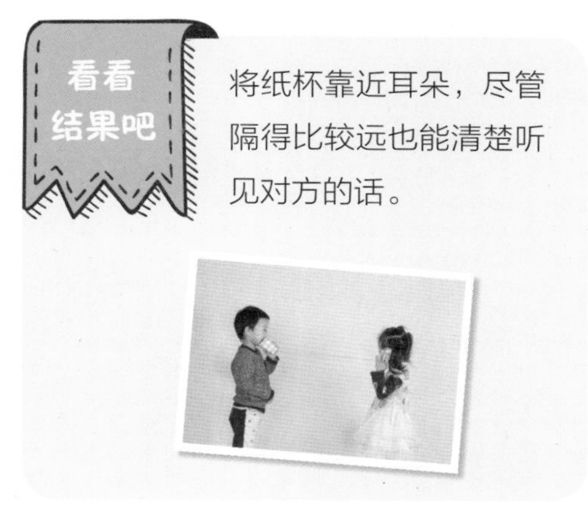

看看结果吧

将纸杯靠近耳朵，尽管隔得比较远也能清楚听见对方的话。

妈妈，纸杯里为什么可以听得这么清楚？

当你对着纸杯说话时，那只纸杯就像一只话筒一样，它聚拢了声波，然后声波经过那条长线传到了另一只纸杯上。这只纸杯就像听筒，同样起到了聚拢声波的作用，把声音传到耳朵里。

会预报天气的纸鹤

你有没有想过可以自己制造一个小小玩意儿用来预测天气情况？我们来试一下吧。

你需要准备的材料

★ 几张红纸

★ 一杯浓盐水

Tip

怎么用纸鹤判断天气呢？

当纸鹤的颜色变深的时候，天气是雨天或者阴天；当纸鹤的颜色变浅的时候，天气是晴朗的。

实验方法

1 用红纸折出一只大纸鹤。

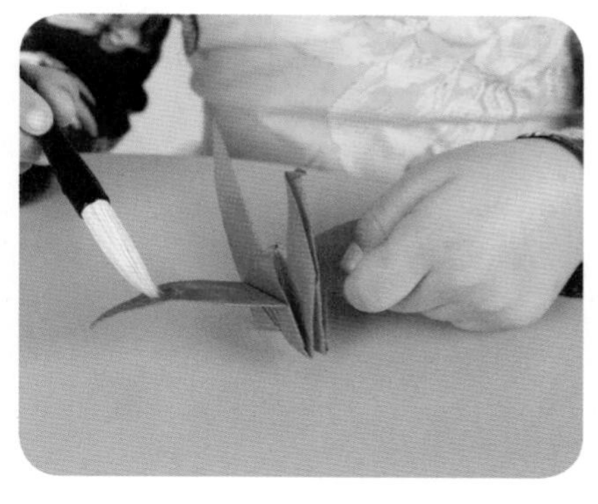

2 将纸鹤涂上浓盐水。

3 把纸鹤放到室外。

连续仔细观察几天，看看纸鹤的颜色变化，并做好记录。

妈妈，为什么这只纸鹤可以预报天气？

盐容易吸水。纸鹤上涂上浓盐水后，在阴天或者雨天的时候，由于气压低，空气湿度大，空气中水分较多，纸鹤上的盐吸收的水分也多，所以，纸鹤的颜色会变深。天气晴朗的时候，由于气压高，空气湿度小，纸鹤上的盐吸收不到水分，颜色就会相对较浅。

自制“热气球”

（此实验游戏需要在家长的监督下进行，并注意安全）

你知道热气球的工作原理是什么吗？我们来做个实验看看吧。

你需要准备的材料

★ 一张薄纸

★ 一瓶胶水

★ 一个宽口玻璃杯

★ 一根蜡烛

★ 打火机

实验方法

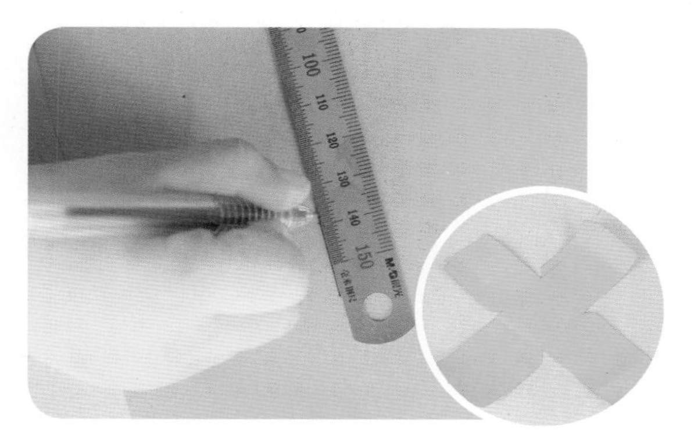

1 将薄纸按图中的样子剪好。

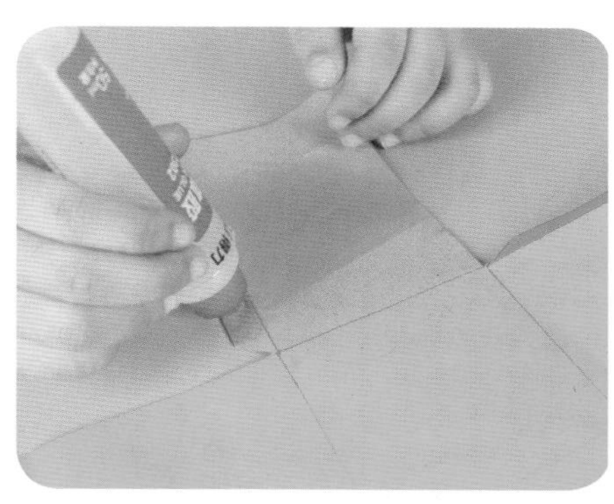

2 小心地在剪好的薄纸上均匀涂上胶水。

3 将薄纸粘成一个长方体形状的“气球”。

4 将蜡烛放在玻璃杯中，并点燃它，再将气球的开口向下放在玻璃杯的上方，稍等片刻。

纸气球慢慢地升起来了。

妈妈，纸气球为什么会升起来呢？

因为瓶中的空气被蜡烛加热后膨胀，向瓶外冒出，于是就将放在杯口的薄纸气球“顶”起来了。

知识延伸：

热气球的升降、飞行原理

热气球的构造

热气球主要由巨大的气囊、装人员或物品的吊篮以及用于加热空气的燃烧器组成。热气球用的燃料通常是丙烷或液化石油气，气瓶固定在吊篮内，一只热气球能自带80千克的液体燃料。

升降飞行原理

热气球的升与降同球体内气温有关。球体内气温升高时，气球浮力增大，气球就上升；球体内空气温度下降时，球体产生的浮力小于自身的重量，气球就开始下降。飞行员在气球吊篮内，操纵着燃烧器的燃气开关，随时调整气囊内的温度，进而操纵气球的升降。

另外，高空和低空的风速、风向是有差别的。在近地面，受地形、建筑物影响，风向会有所改变，风速也会明显减小。飞行员想要改变热气球的方向，通过在空中体验各个高度的不同风向，然后操纵气球升或降至自己所需要风向的那一高度，并保持在这一风层飞行，才能达到自己飞往某个目标的目的。

也就是说，风向决定热气球的方向，风速决定热气球的速度。飞行员只能通过控制热气球的升降到达目的地。

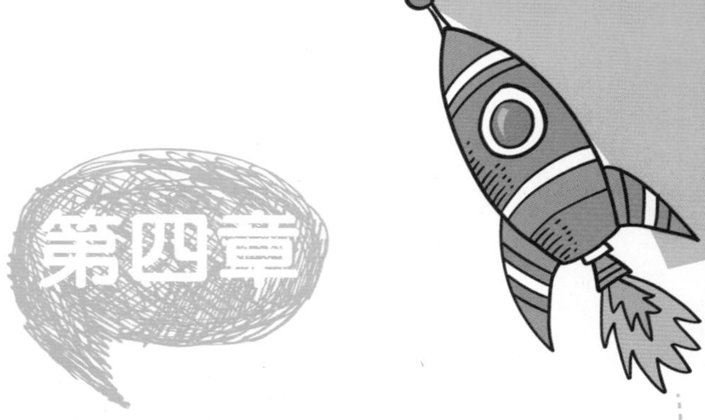

第四章

观察实验细细看

植物的向光性

（此实验游戏需要在家长的监督下进行，并注意安全）

你知道植物的向光性是怎么回事吗？我们做个实验看看吧。

你需要准备的材料

★ 一盆牵牛花的幼苗

★ 一个纸盒

★ 一把剪刀

实验方法

1 用剪刀在纸盒的一侧剪一个小口。

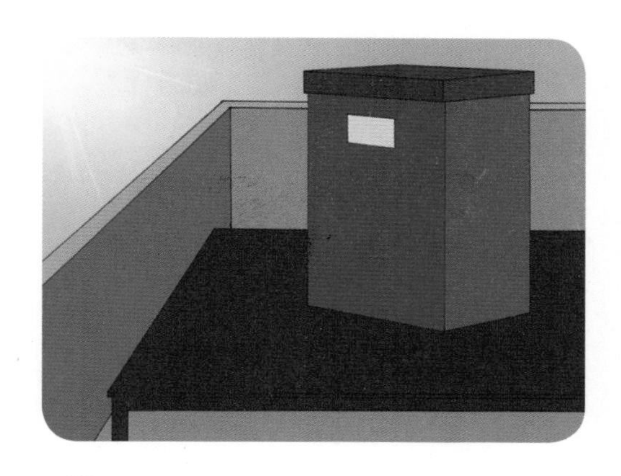

2 将牵牛花的幼苗放入纸盒中，盖上盒盖。

3 将纸盒放在阳台上。

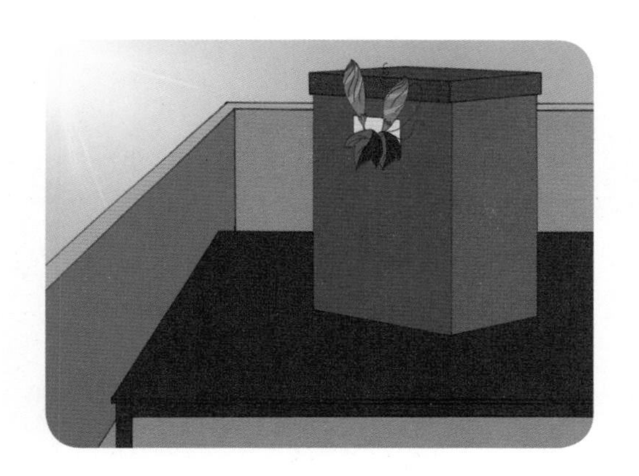

4 几天后观察幼苗的生长情况。

看看结果吧

牵牛花的叶子从小口中探出头来。

妈妈，为什么叶子会探出头来？

植物中的生长素对光线非常敏感，它会“跟着光线跑”。纸盒全被封住了，只有那个小口才能受到阳光的照射，所以牵牛花的叶子就从那里钻出来了。

植物也会呼吸吗？

你知道植物也会像我们一样呼吸吗？我们做个实验探究一下吧。

你需要准备的材料

★ 新鲜的草叶

★ 石灰水

★ 有盖玻璃瓶

实验方法

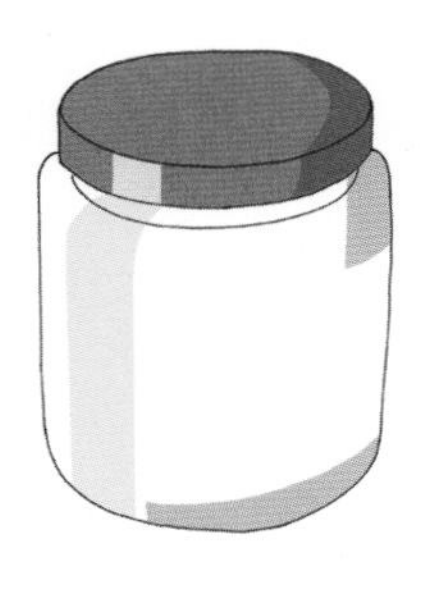

1 把新鲜的草叶放进干净的玻璃瓶，盖紧瓶盖，然后把玻璃瓶放到一个潮湿阴暗的地方。

2 第二天，取出玻璃瓶，打开瓶盖并倒入一些石灰水。

3 观察瓶子里的状况。

澄清的石灰水变白，变混浊了。

妈妈，植物也会呼吸吗，可是它没有鼻孔啊？

植物跟我们一样在不停地呼吸，但是植物的鼻孔跟我们的不一样，气体会经由它身体上的一些小孔和薄膜进进出出，氧气由这里进入，二氧化碳也是由这里呼出。

植物的向地性

你知道植物的向地性是怎么回事吗？我们做个实验看看吧。

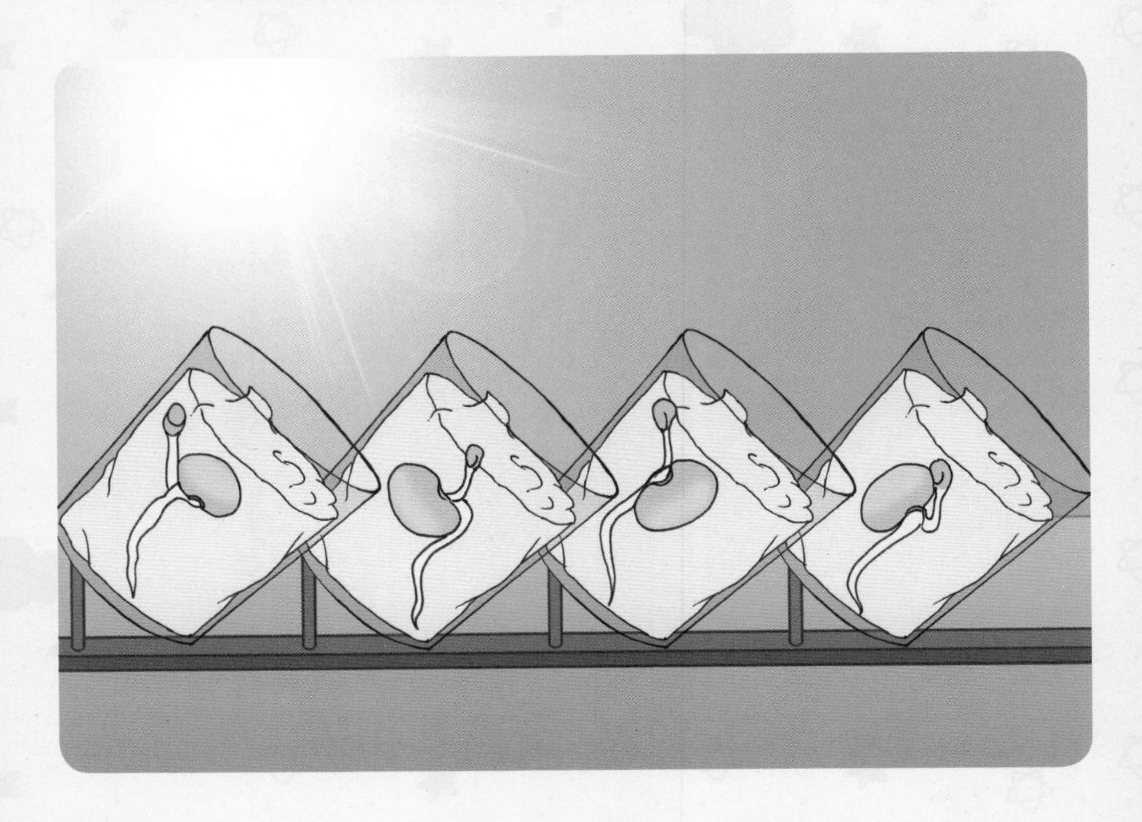

你需要准备的材料

- ★ 黄豆
- ★ 棉花
- ★ 水
- ★ 玻璃杯

实验方法

1 将四颗同样大小的黄豆，分别向不同方向放置。

2 往棉花里倒水，保持适宜的温度和湿润的条件。

3 观察种子的发芽情况。

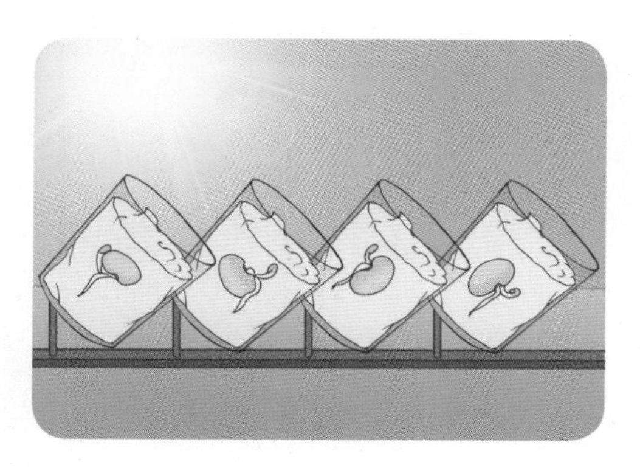

4 将玻璃杯侧放，过几天再观察种子的发芽情况。

看看结果吧

几天后，种子的根部还是垂直向下生长。

妈妈，什么是向地性？

植物的根有向地性，就是植物由于重力作用所做出的生长反应，不管种子的方向如何，根部总是向下生长。

植物的光合作用

（此实验游戏需要在家长的监督下进行，并注意安全）

你知道植物的光合作用是怎么回事吗？我们做个实验看看吧。

你需要准备的材料

★ 适量水草

★ 两只大的玻璃杯

★ 两只短柄玻璃漏斗

★ 两支试管

★ 带火星的木条

★ 水

实验方法

1 在两只大玻璃杯中分别放入等量的水草和水。

2 将两只玻璃漏斗分别倒置在两只大玻璃杯中。

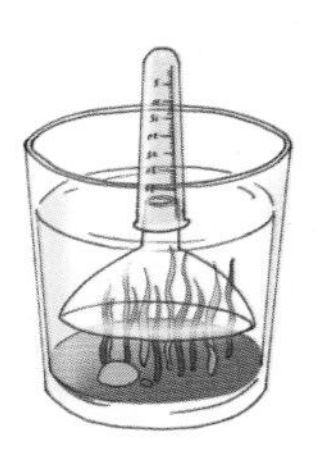

3 将玻璃试管装满水，分别倒过来套在两个漏斗柄上。

4 把两只大玻璃杯分别放在阳光下和阴暗处，观察杯内的状况。

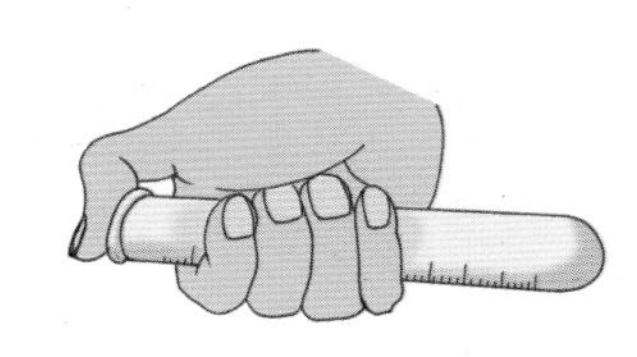

5 用手指盖住放在阳光下的玻璃杯上的试管的口，把试管轻轻地拿出来。

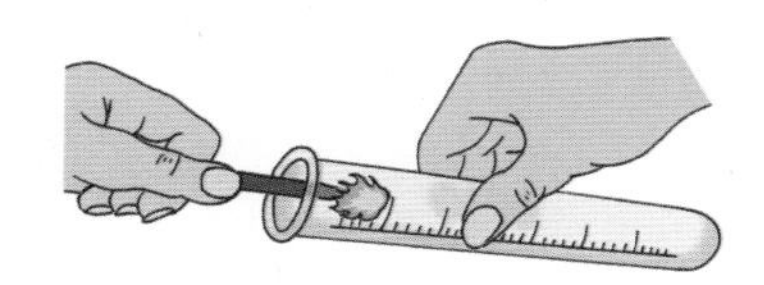

6 移开手指，迅速地将一根带火星的木条伸进试管里。

看看结果吧

木条会迅猛地燃烧，并发出耀眼的光芒。

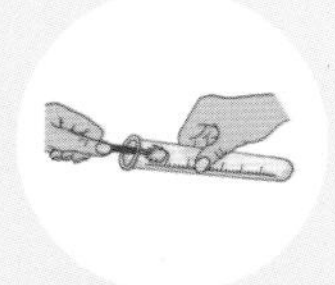

妈妈，什么是光合作用？

试管中的小气泡就是水草进行光合作用而产生的气体。在阳光充足的环境下水草上的试管内的气体比处于黑暗处的多，说明植物光合作用需要阳光，在不同光照条件下的光合强度是不同的，而带火星的木条在气体中剧烈燃烧，则表明植物光合作用所产生的气体是氧气。

种子发芽一定需要阳光吗？

我们知道植物的生长大多数都需要阳光，那么种子发芽也需要阳光吗？

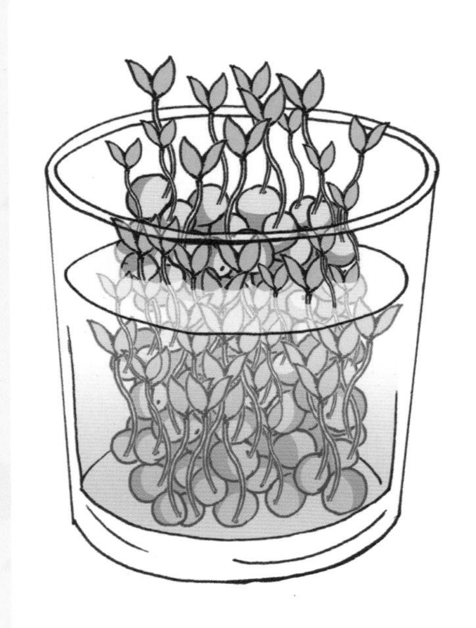

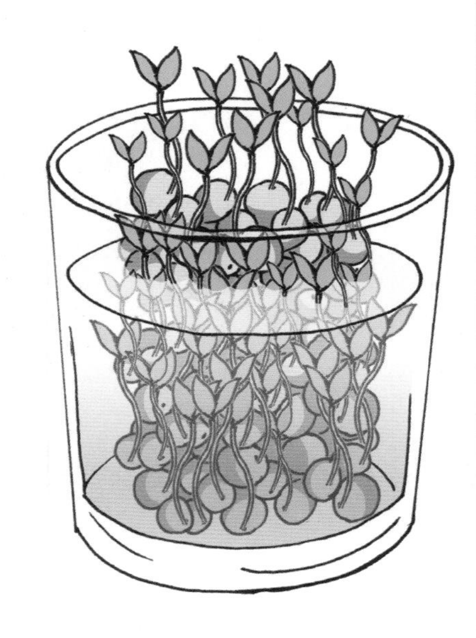

你需要准备的材料

★ 两只杯子

★ 适量菜豆种子

★ 黑色硬卡纸

★ 水

实验方法

1 往两只杯子中各放一些菜豆种子。

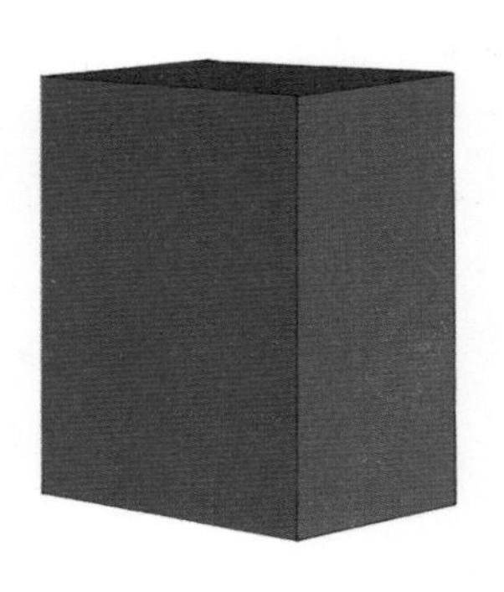

2 往两个杯子中加入适量的水，避免使菜豆种子被淹没。

3 用黑色硬卡纸做成黑色的盒子。

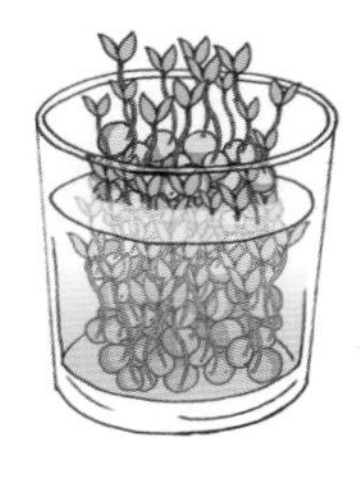

4 把其中一只杯子放在阳台上，另一只杯子用黑色盒子罩起来。

5 过几天后观察种子的发芽情况。

两只杯子里的菜豆种子都发芽了。

妈妈，为什么没有阳光，种子也能发芽？

因为种子发芽和阳光没有多大的关系。种子发芽时所需要的营养全部来自种子内部所储存的营养，不需要通过光合作用来获取养料，所以被埋入地下的种子依然会发芽。

看看脚蹼的作用原理

潜水时，潜水人员都会穿着一种像鸭子脚掌的鞋子，这是为什么呢?

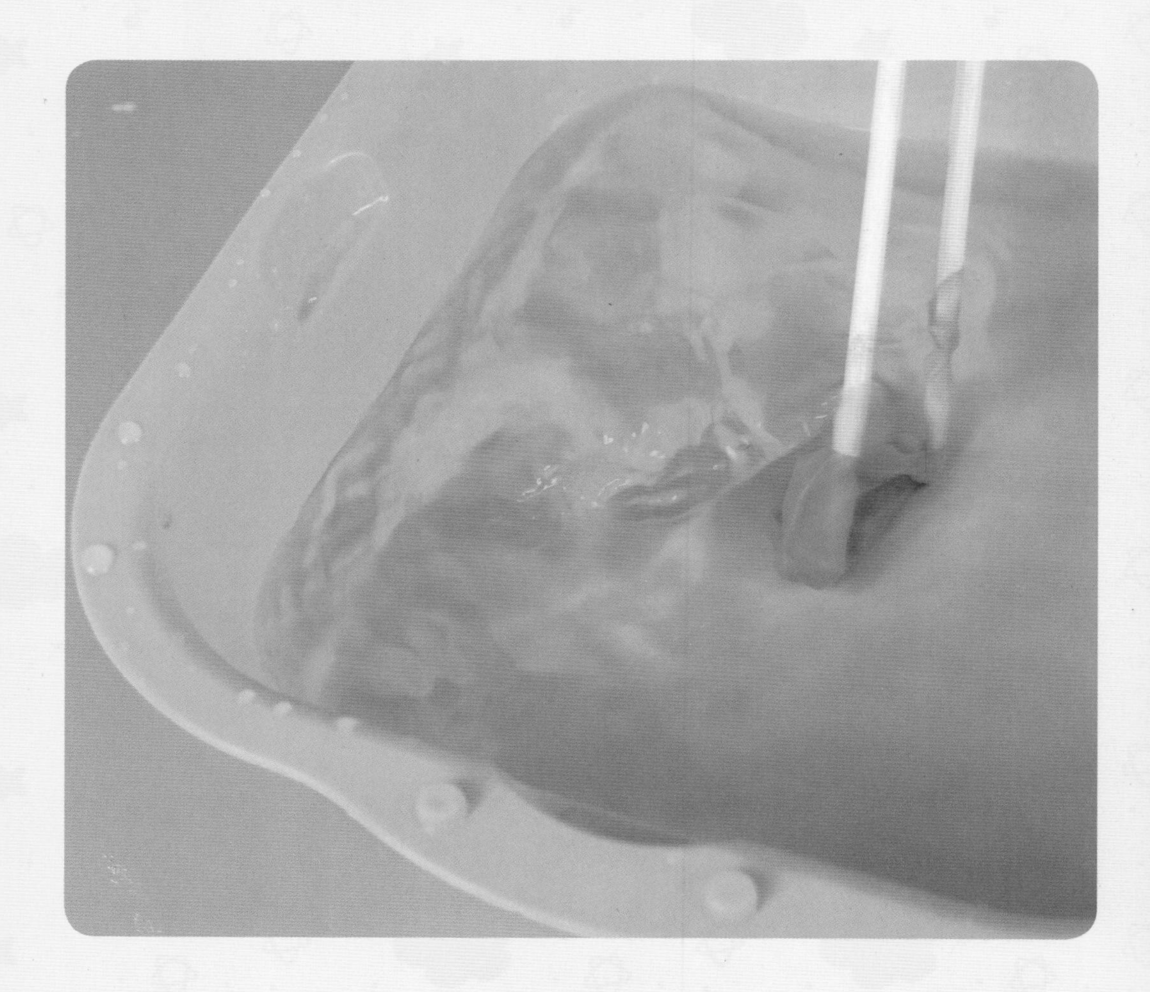

你需要准备的材料

- ★ 一个盆子
- ★ 清水
- ★ 筷子
- ★ 气球皮（塑料也可以）

实验方法

1 往盆子里放水。

2 一只手拿住两根筷子，分开一点儿在水中划动。

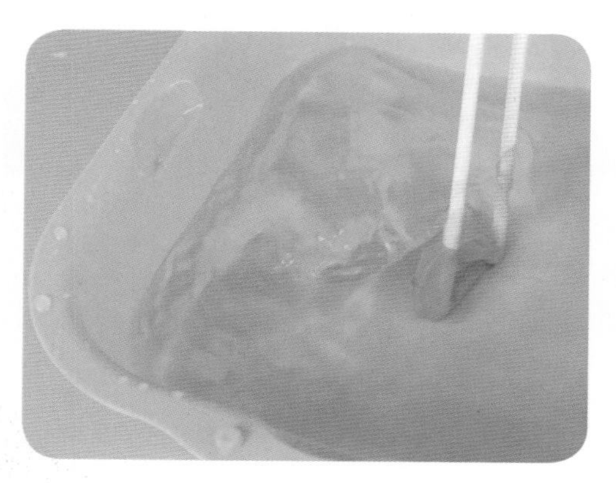

3 在筷子上套上一只气球皮，再伸入水中划动，观察现象。

只有两根筷子是没有什么推动力的，套上气球皮后，就会得到较大的推动力。

妈妈，为什么有气球皮的筷子的推动力更大呢？

气球皮的作用就是增加表面积，而表面积的增加势必会使其受到的水的推力增大。

蛋壳被溶解了

你相信鸡蛋壳可以被厨房中的一种调料溶解掉吗？我们试一试吧。

你需要准备的材料

★ 一杯食醋

★ 一个生鸡蛋

★ 一个透明器皿

实验方法

1 把一个生鸡蛋放进透明的器皿里。

2 往放有鸡蛋的器皿里倒入白醋，使鸡蛋完全浸泡在醋里。

3 观察鸡蛋的变化。

刚开始将鸡蛋放进食醋时，蛋壳上会冒出许多小气泡，两天后，蛋壳被溶解了，显现出一枚晶莹剔透的鸡蛋。

妈妈，为什么鸡蛋的壳会不见了呢？

鸡蛋的蛋壳主要由碳酸钙组成，放入食醋中就会因发生化学反应而溶解，并释放二氧化碳气体，附在鸡蛋上的气泡就是二氧化碳气体。

橘子的薄皮被溶解了

只经过简单的操作就可以轻易地溶解橘子的薄皮，我们试一试吧。

你需要准备的材料

★ 新鲜橘子

★ 小苏打

★ 水

★ 汤锅

实验方法

1 在汤锅中放入适量的水，沸腾后加入两勺小苏打。

2 水沸腾后加入橘子。

3 煮至水变成黄色后，将橘子捞出，观察橘子的变化。

橘子放入沸水中后，薄皮变白，薄皮、橘络等会自然脱落。

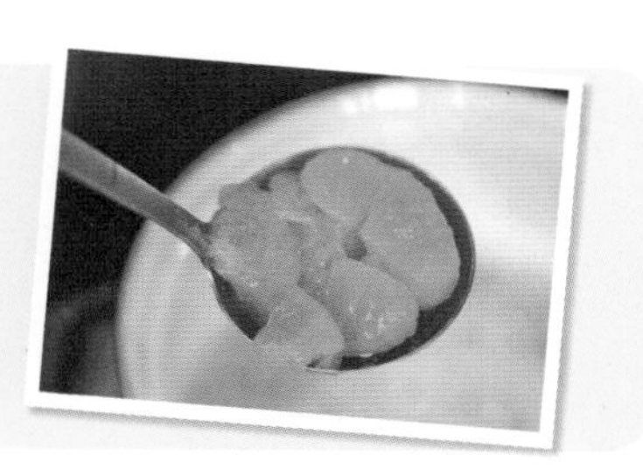

妈妈，为什么橘子皮会被溶解呢？

小苏打为碱性，能够溶解植物纤维，所以橘子上的薄皮会被溶解。因为碱能与酸中和，橘子也就变得不酸了。

沙子和水的比赛

我们把等体积的沙子和水分别放进两个相同大小的玻璃瓶里，从同一高度滚下来，猜猜哪个瓶子更快滚下来。

你需要准备的材料

- ★ 两个一样的瓶子
- ★ 适量沙子
- ★ 适量水
- ★ 一块长木板
- ★ 一张小凳子

实验方法

1 分别往两个瓶子中装满沙子和水；把木板的一端放在凳子上，另外一端放在地面上（没有小凳子，用其他物品代替也可以）。

2 把两个瓶子放在木板上，让它们从同一高度往下滚。

装水的瓶子比装沙子的瓶子先到达终点。

妈妈，为什么装水的瓶子比装沙子的瓶子快呢？

沙子对瓶子内壁的摩擦力要比水对瓶子内壁的摩擦力大，而且沙子之间也有摩擦，这样装沙子的瓶子在下滚时所受到的阻力比装水的瓶子要大。所以，装水的瓶子先到达终点。

漂亮的“盐水晶”

（此实验游戏需要在家长的监督下进行，并注意安全）

我们把盐溶到水里，有办法把盐还原出来吗？试一试吧！

你需要准备的材料

- ★ 食盐
- ★ 杯子
- ★ 热水
- ★ 深色的碟子

实验方法

1 往杯子里倒入热水。

2 往热水里放入两勺食盐。

3 将食盐液体倒入碟子中，几天后观察现象。

看看结果吧

碟子里结出了非常好看的晶体。

妈妈，为什么盐水会变出这么好看的“水晶”呢？

在一定温度下，食盐在水中的溶解度是一定的，当盐水达到饱和时就会有结晶体析出，得到固体。析出的盐的形状大致相同。我们在生活中食用的盐就是采用蒸发海水法制造的。

知识延伸：海水制盐

海水制盐的方法，主要有三种：太阳能蒸发法(也称盐田法)、冷冻法和电渗析法。太阳能蒸发法是很古老的制盐方法，也是目前仍沿用的普遍方法。

盐田法：①纳潮：把含盐量高的海水积存于修好的盐田中。②制卤：利用太阳能让海水蒸发，使海水浓度逐渐加大。③结晶：水分蒸发到海水中的氯化钠达到饱和时，要及时将卤水转移到结晶池中。④采盐：原盐会渐渐地沉积在池底，形成结晶体，达到一定程度就可以采集了。

冷冻法：此方法是地处高纬度的国家采用的一种生产海盐的方法。当海水冷却到海水冰点时，海水就会结冰。海水结成的冰里很少有盐，基本上是纯水。去掉这些冰，就等于盐田法中的水分蒸发，剩下浓缩了的卤水就可以制盐了。

电渗析法：电渗析法制盐的工艺流程是：海水→过滤→电渗析制浓缩咸水→咸水蒸发结晶→干燥→包装成品。其中蒸发后的卤可以生产其他产品。

第五章

有趣的实用科学

测量浮力

我们常常会说水有浮力，那么水的浮力有多大，你想知道吗？我们做个实验看看吧。

你需要准备的材料

★ 一瓶水

★ 一盆水

★ 一个弹簧秤

实验方法

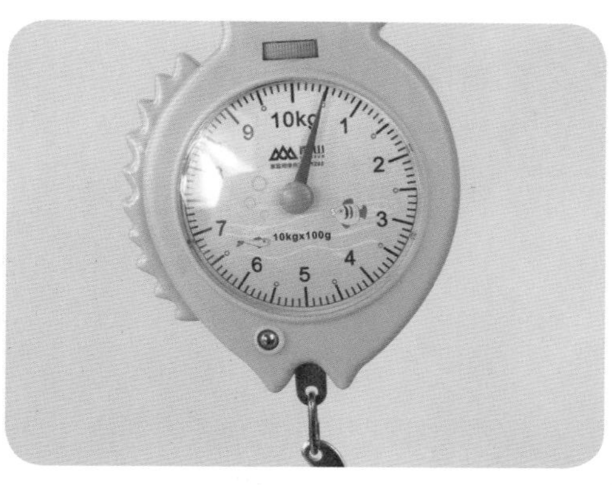

1 将一瓶水挂在弹簧秤下。

2 看一下弹簧秤的读数是多少，记录下来。

3 将水瓶放入水中。

4 看看弹簧秤的读数是多少。

放入水中后，弹簧秤的读数下降了。

妈妈，为什么弹簧秤的读数会下降呢？

水瓶放进水中后会受到浮力的作用，抵消了自身的一部分重力，所以弹簧秤的读数下降。而下降的重量正是浮力的大小。

风力是怎么提供能量的？

我们来做个实验，探索一下风力是怎么提供能量的吧。

你需要准备的材料

- ★ 一张正方形的纸
- ★ 一根吸管、一本书
- ★ 一双筷子
- ★ 胶水、橡皮泥
- ★ 双面贴、回形针
- ★ 一根长线

实验方法

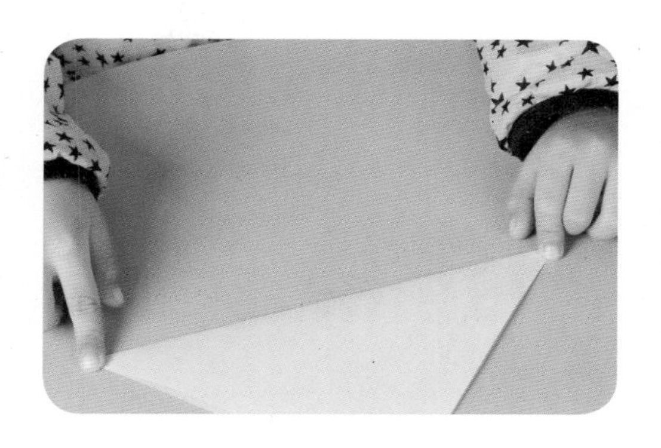

1 将正方形的纸四角对折，找到中心点，做一个标记。

2 四角剪开一半，如图。

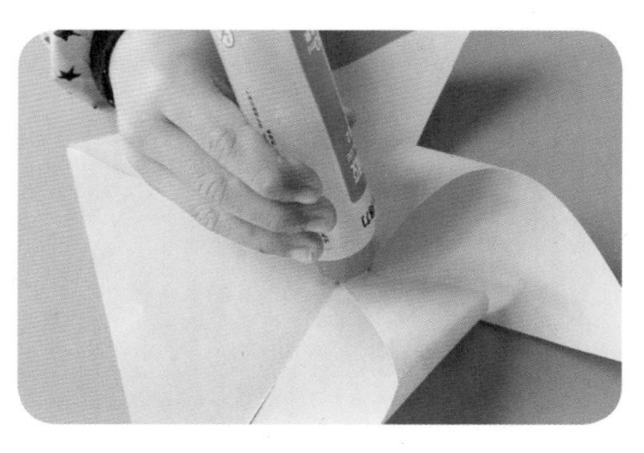

3 分别折起四个小角，用胶水粘起来。

4 在中间穿一个洞，吸管穿过中间的洞，用橡皮泥固定它。

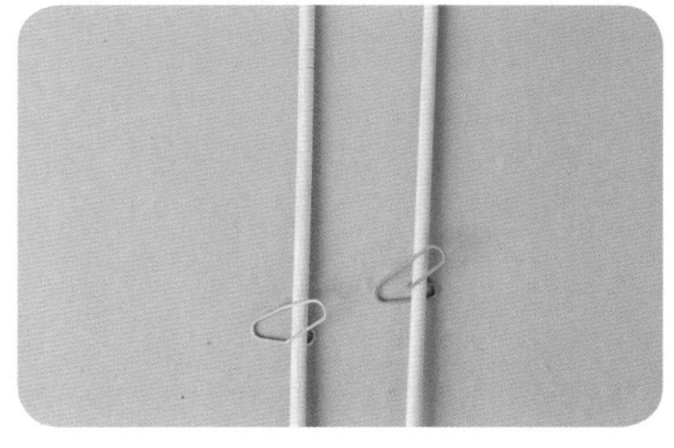

5 用两个回形针分别别在两根筷子上，让带有风车的吸管穿过回形针。

6 用书将筷子压稳在桌边。取一根长线，一端绑一小块橡皮泥，另外一端用双面贴固定在带有风车的吸管上。

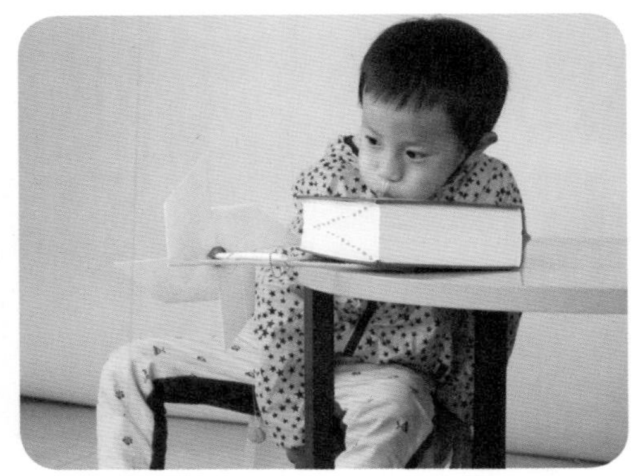

7 用力吹风车，看看会发生什么。

看看结果吧

风车旋转，线在风车的带动下绕到吸管上，橡皮泥上升。

妈妈，是风带动橡皮泥旋转吗？

是的，当你吹风车的时候，风车转动可以为拉橡皮泥提供能量。风力发电也是这个原理。

知识延伸：

风力发电原理

原理：把风的动能转变成机械动能，再把机械动能转化为电能，这就是风力发电。风力发电利用风力带动风车叶片旋转，再透过增速机将旋转的速度提升，来促使发电机发电。依据目前的风车技术，大约每秒3米的微风速度（微风的程度），便可以开始发电。风力发电不需要使用燃料，也不会产生辐射或空气污染。

装置组成：风力发电所需要的装置，称作风力发电机组。这种风力发电机组，大体上可分为风轮（包括尾舵）、铁塔和发电机三部分[大型风力发电站基本上没有尾舵，一般只有小型（包括家用型）才会拥有尾舵]。风轮由两只（或更多只）螺旋桨形的叶轮组成。当风吹向桨叶时，桨叶上产生气动力驱动风轮转动。铁塔是支撑风轮、尾舵和发电机的构架。它一般修建得比较高，为的是获得较大的和较均匀的风力，又要有足够的强度。铁塔高度视地面障碍物对风速影响的情况，以及风轮的直径大小而定，一般在6~20米范围内。发电机把由风轮得到的恒定转速，通过升速传递给发电机构均匀运转，从而把机械能转变为电能。

吹起乒乓球的独特技巧

乒乓球很轻，只要轻轻一吹就会跑掉，现在我们从乒乓球的上方往下吹，看看会发生什么特别的事情。

你需要准备的材料

★ 一个乒乓球

★ 一只杯子

实验方法

1 把乒乓球放到杯子里。

2 对着乒乓球的上方吹气。

乒乓球会慢慢浮起来，然后跳到外面去。

妈妈，为什么吹气球的上方，气球反而会浮起来呢?

对着乒乓球的上方吹气，球上方的压力就会变小，下方压力变大，下方的气压就会将乒乓球挤上去，乒乓球会越升越高，最后“跳到”外面。

怎么溶化糖块更快？

你知道怎样可以更快溶解糖吗？

你需要准备的材料

★ 两颗方糖

★ 两杯冷水

实验方法

1 将一颗方糖放入其中一杯冷水中。

2 将另外一颗方糖用绳拴住，吊在水中间。

3 仔细观察两颗糖，哪个溶化得更快。

看看结果吧

吊在水中间的糖块几分钟就化完了，而沉底的糖块才溶化了一小部分。所以，在吊着糖的杯子里，糖粒溶化得比较快。

？妈妈，吊在水中的糖溶化得更快吗？

糖在水中溶解，一靠扩散，二靠对流。冷水的温度较低，扩散的作用不明显，所以沉入水底的糖不容易溶化。而吊在水中的糖，由于糖水比清水重，糖水下沉，清水上升，形成对流，所以溶化得更快。糖的位置越高，水对流的范围越大，糖就越容易溶化。

测试一下鸡蛋的承受能力有多大

小小的鸡蛋也有大大的力量，我们做一个实验看看鸡蛋能够承受多大的重量吧。

你需要准备的材料

- ★ 四枚鸡蛋
- ★ 适量橡皮泥
- ★ 几本书

实验方法

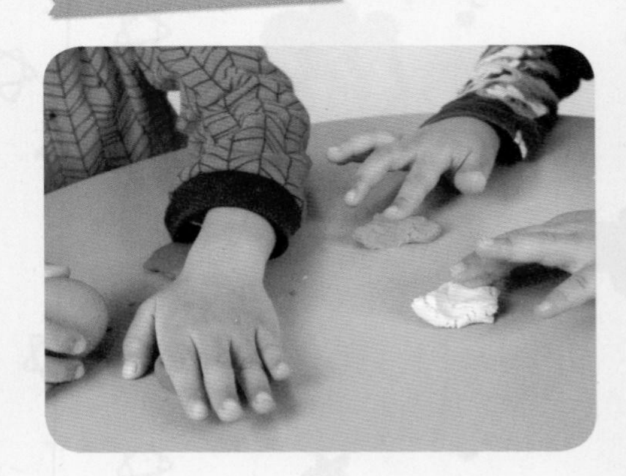

1 把橡皮泥分成4个小团，分别粘在地面上。

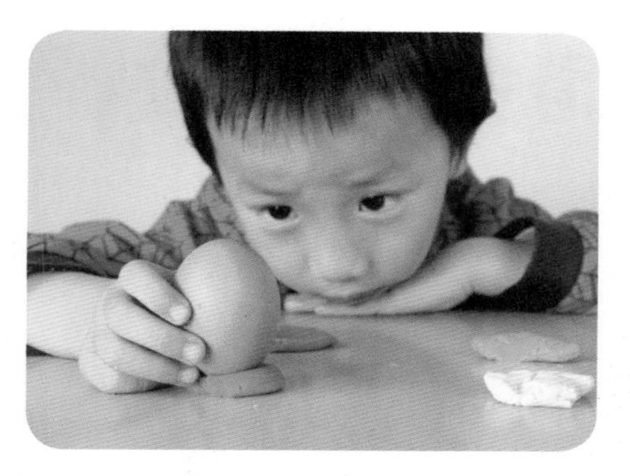

2 在每小团橡皮泥上立1枚鸡蛋。

3 在4枚直立的鸡蛋上放上书本。

4 逐渐增加书本的数量。

看看结果吧

鸡蛋竟然没有破。

妈妈，为什么鸡蛋可以托起这么重的书本呢？

相同材料的承重大小取决于其形状的不同，直立的鸡蛋能承受较大的重量。试一试，把鸡蛋横着放，看看能托住多少本书吧。

为什么洗洁精可以去油渍？

如果我们只用清水去洗用过的碗碟，是很难洗干净的，但是只要滴一点点的洗洁精，就能把油渍洗干净，这是为什么呢？

你需要准备的材料

★ 一个瓶子

★ 一瓶洗洁精

★ 适量食用油

★ 清水

实验方法

1 向瓶子里倒入半瓶清水。

2 往瓶子里倒入食用油。

3 用手摇晃瓶子，观察瓶子里液体的变化情况。

4 将瓶子静置一会儿。

5 往瓶子中加入少许洗洁精，再次摇晃瓶子。

6 将瓶子静置一会儿，仔细观察。

看看结果吧

只倒入食用油时，摇晃后食用油和水短时间内混合在一起，静置后油和水又分成两层。倒入洗洁精摇晃后，油和水不再分层了，无论放置多久，油、水都混合在一起。

妈妈，为什么有了洗洁精，油和水就不再分层了？

洗洁精有一种特殊的性质，就是可以把一个个小油滴包围起来，使得它们均匀地分散在水中，肉眼看上去像是水和油混在一起了。洗洁精就是运用这个原理洗去油渍的。

想办法让鸡蛋浮起来

我们把鸡蛋放到水里，鸡蛋会马上下沉。那么，有什么办法让鸡蛋浮起来呢？

你需要准备的材料

- ★ 一袋食盐
- ★ 一只大碗
- ★ 一只生鸡蛋
- ★ 清水

实验方法

1 用大碗装满水。

2 将生鸡蛋放入大碗中。

3 观察水中的鸡蛋。

4 向水中加入食盐，一边倒一边搅动盐水。

沉在水底的鸡蛋慢慢浮了起来。

妈妈，为什么鸡蛋又浮起来了？

物体在水中的沉浮取决于它的密度。鸡蛋的密度比清水大，因此，放入清水中后，鸡蛋会沉入水底。当清水中加入食盐后，水的密度逐渐变大，当盐水的密度大于鸡蛋的密度时，鸡蛋受到的浮力大于重力，鸡蛋就会慢慢地浮起来。

隔着障碍物可以吹灭蜡烛吗？

想一想隔着不同的障碍物吹蜡烛是否会有不一样的结果呢？

你需要准备的材料

★ 一个瓶子

★ 一根蜡烛

★ 打火机

★ 硬卡纸

实验方法

1 将蜡烛放在瓶子前面。

2 点燃蜡烛。

3 隔着瓶子用力吹蜡烛。

4 将硬卡纸折成长方体。

5 用硬卡纸折成的长方体代替瓶子，再吹一次蜡烛。

6 观察现象。

瓶子前的蜡烛被吹灭了，而方形障碍物前的蜡烛没有被吹灭。

妈妈，为什么隔着瓶子也能吹灭蜡烛呢？

对着瓶子吹气的时候，瓶子的后面会产生一个低压区域，而周围的空气流试图去平衡低压，这时火焰就会被这种气流吹灭。当用长方体作为障碍物时，接近蜡烛的一面气压没有变化，周围的气流也不强，因此蜡烛不会被吹灭。

用面粉测试雨滴的大小

想知道雨滴的大小吗？我们可以借助面粉测量雨滴的大小，试一试吧。

你需要准备的材料

★ 筛面粉的筛子

★ 面粉

★ 透明的盒子

一定要保持干燥才能看见效果。

实验方法

1 用筛子筛出细面粉，放进透明的盒子里。

2 让雨滴落在装有面粉的盒子里。

3 轻轻晃动容器，使面粉均匀地混合在一起，放在干燥的地方一会儿。用筛子重新筛面粉，留下颗粒。

盒子里留下大小不一的面粉粒。

妈妈，这真的是雨滴的大小吗？

是的，雨滴落在面粉上，四周的面粉就会进入雨滴中，形成与雨滴相同大小的面粉球。

硬币和纸的比赛

（此实验游戏需要在家长的监督下进行，并注意安全）

想象一下硬币和纸片同时下降，哪一个会下落得更快？我们做个实验试一下吧。

你需要准备的材料

- ★ 一张纸
- ★ 一枚一元硬币
- ★ 一把剪刀

实验方法

1 利用硬币，在纸上画出一个和硬币一样大小的纸片。

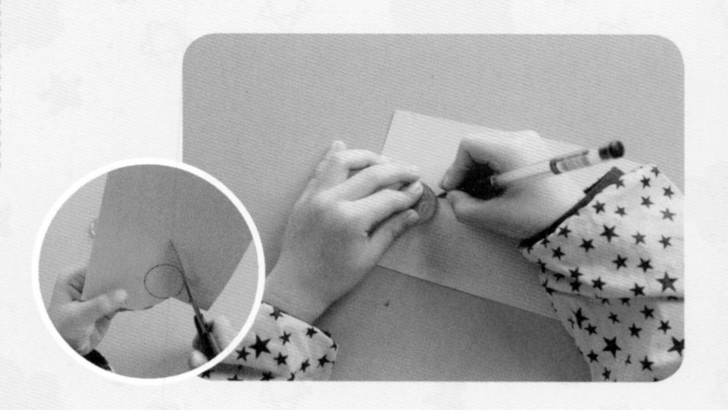

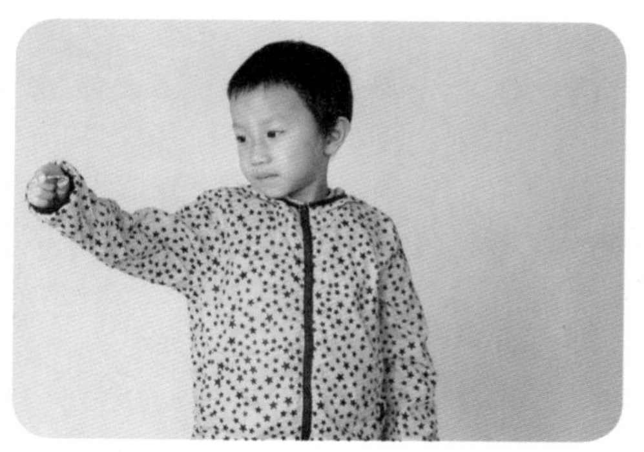

2 把两只手上的纸片和硬币紧贴着放在一起，纸片在硬币的上方。

3 拿着硬币的边缘，不要碰到纸片，将它们从高处放下。

纸片和硬币会同时落地。

妈妈，为什么纸片这么轻，也能和硬币同时落地？

当硬币在空气中快速下落的时候，它会“拉”住跟在后面的空气，硬币上方的气压会把纸片紧紧地压在硬币上，所以硬币和纸片会同时落地。但如果有空气进到硬币与纸片中间，它们就会分开，纸片就会以飘动而不是以和硬币一起掉落的方式落下。

交换位置的硬币

如果将一枚一元的硬币和一枚五角钱的硬币同时从高空放下，会发生什么事情呢？我们做个实验看看吧。

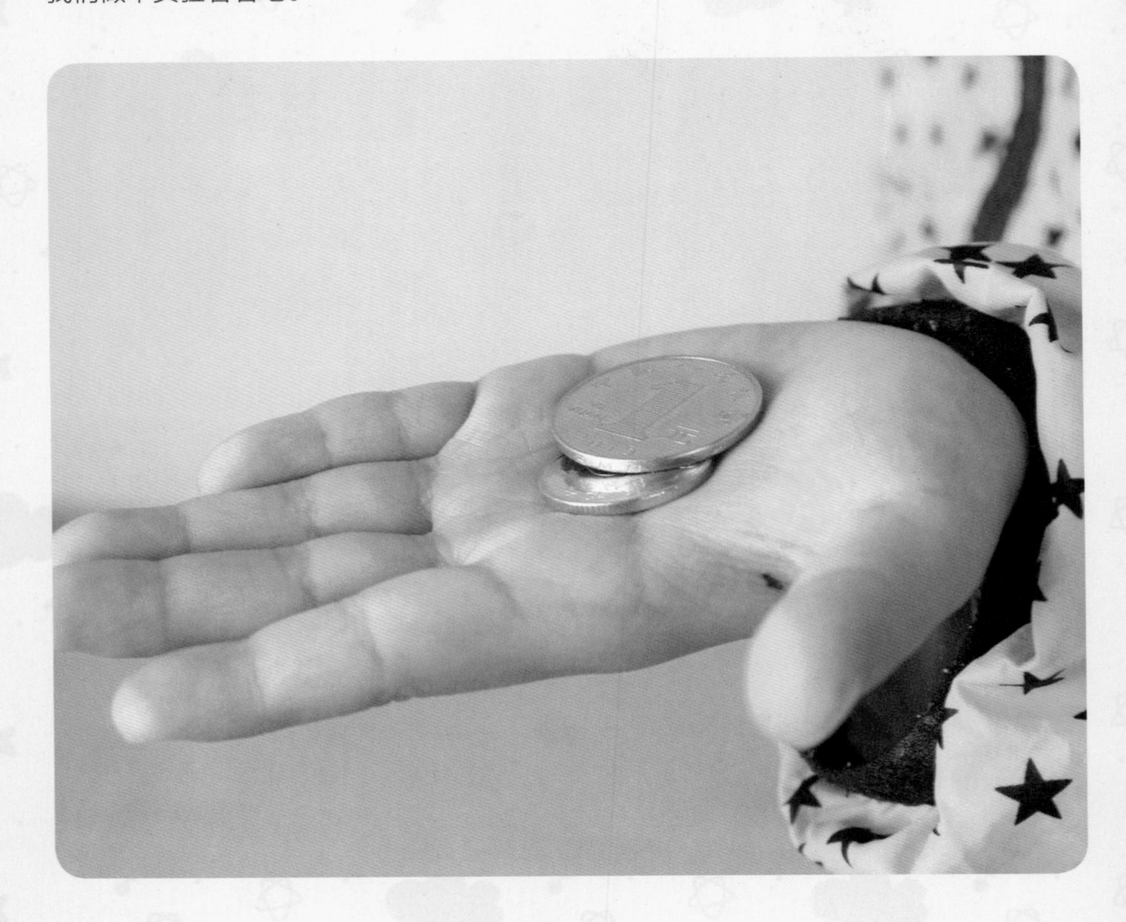

你需要准备的材料

★ 一枚一元硬币

★ 一枚五角硬币

实验方法

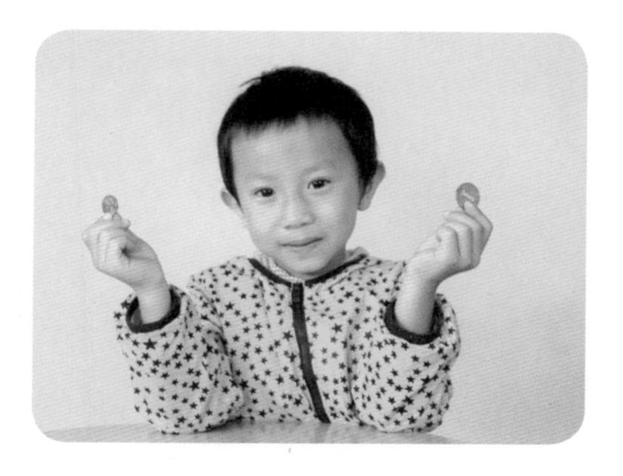

1 把五角硬币放在一元硬币的上面。

2 稍倾斜地将硬币从高处落到手上。

3 用手接住硬币，看看硬币的位置有什么变化。

两枚硬币交换了位置，一元硬币在五角硬币的上面。

妈妈，为什么两个硬币的位置会交换呢？

叠在一起的五角硬币和一元硬币是贴在一起跌落的，两个硬币在空中一边回转一边下落，硬币大概在30厘米处交换位置，所以接到硬币时，两个硬币正好互换了位置。

变成星星的牙签

我们今天就用几根牙签做一个漂亮的星星吧!

你需要准备的材料

- ★ 数根牙签
- ★ 一杯水
- ★ 色素（可有可无）

实验方法

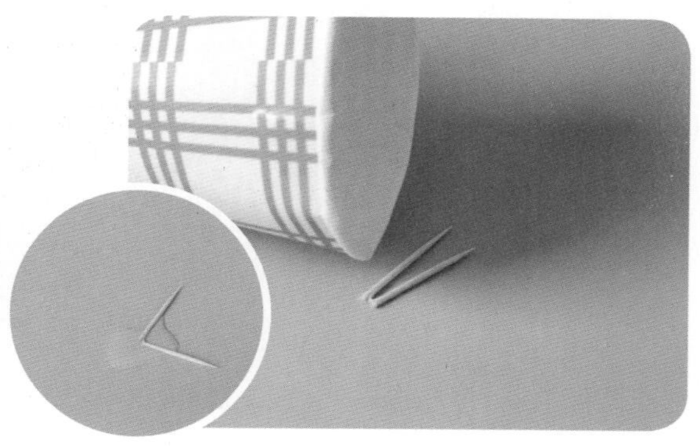

1 将牙签从中间折断，但是不完全断开。

2 在折断处倒水，看看牙签的变化。

3 把五根牙签折一折，如图摆放牙签。

4 在牙签中间滴下含有色素的水，观察牙签的变化。

折断的牙签两端慢慢张开，五根牙签刚好围成星星的形状。

妈妈，为什么牙签会自己张开？

这是因为木质的牙签上有许多微小的管状纤维，将水滴在断裂处后，该处的纤维会吸水膨胀，并使得牙签发生移动。五根牙签一起膨胀张开，形成了星星的形状。

知识延伸：
辨别生熟鸡蛋

不借助工具，你可以辨别生熟鸡蛋吗？

准备一个生鸡蛋和一个熟鸡蛋。在平整的地方转动生鸡蛋，观察它的转速。然后，以相同的力度在平整的地方转动熟鸡蛋，观察它的转速。结果发现熟鸡蛋要比生鸡蛋转得更快而且稳。

熟鸡蛋比生鸡蛋转得更快的原因是：生鸡蛋里装满了比重不同的液态物质，旋转时，鸡蛋内部的物质会以不同的速度运动，因而导致整个鸡蛋转得慢，还令它失去平衡。熟鸡蛋的内部已经变成固体，旋转时，蛋内部的物质转速是相同的，所以整个鸡蛋就会以较高的速度转动。

第六章

科学加油站

科学名人馆

牛顿提出的万有引力定律和牛顿运动定律是经典力学。他被公认是人类历史上最伟大、最有影响力的科学家之一，我们来看看牛顿关于力的三大定律吧。

1

牛顿第一定律：惯性定律

任何物体都要保持匀速直线运动或静止状态，直到外力迫使它改变运动状态为止。

2

牛顿第二定律

物体加速度的大小跟作用力成正比，跟物体的质量成反比；加速度的方向跟作用力的方向相同。

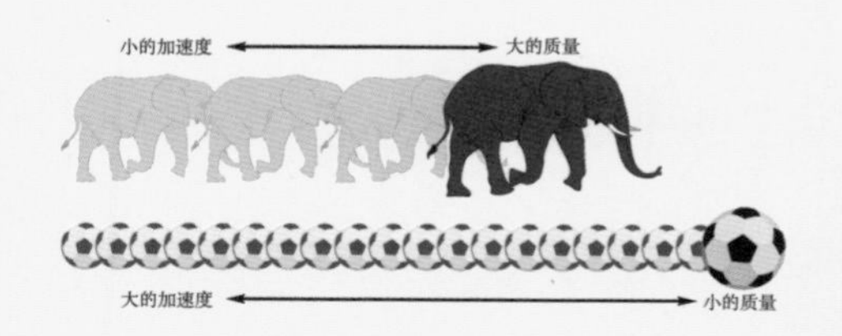

3

牛顿第三定律

相互作用的两个物体之间的作用力和反作用力总是大小相等，方向相反，作用在同一条直线上。

爱迪生

爱迪生一生的发明共有2000多项，其中拥有专利的发明有1000多项。发明大王爱迪生的三大发明是电灯、留声机、电影放映机。我们一起来看看他的那些重要发明吧！

电灯

用电通过导体，使导体发热，当热到一定程度时，会发出白光。

留声机

可以把声音录下来，然后再放出来。

电动投票计数器

只要每个人按一次键，就能把总票数显示出来。

电笔

用通电的笔在蜡纸上描摹，就可以制成印刷用的印版。

电影放映机

从上面的小孔向里看的放映机。

老鼠驱除器

通电后，可惊吓老鼠。

居里夫人

玛丽·居里，全名曼娅·斯可罗多夫斯卡·居里，是法国著名波兰裔科学家、物理学家、化学家，世称“居里夫人”。

1903年，因对放射性现象研究的贡献，居里夫妇和贝可勒尔共同获得诺贝尔物理学奖。1911年，她因发现元素钋和镭再次获得诺贝尔化学奖，因而成为世界上第一个两次获得诺贝尔奖的人。

居里夫人的成就包括开创了放射性理论、发明分离放射性同位素技术、发现两种新元素钋和镭。在居里夫人的指导下，人们第一次将放射性同位素用于治疗癌症。但是，由于长期接触放射性物质，居里夫人于1934年7月4日因恶性白血病逝世。

最早的发现——钋

钋（pō）是一种银白色的金属，黑暗中会发光，是为了纪念居里夫人的祖国波兰而命名为钋的，是目前毒性最大的物质之一。

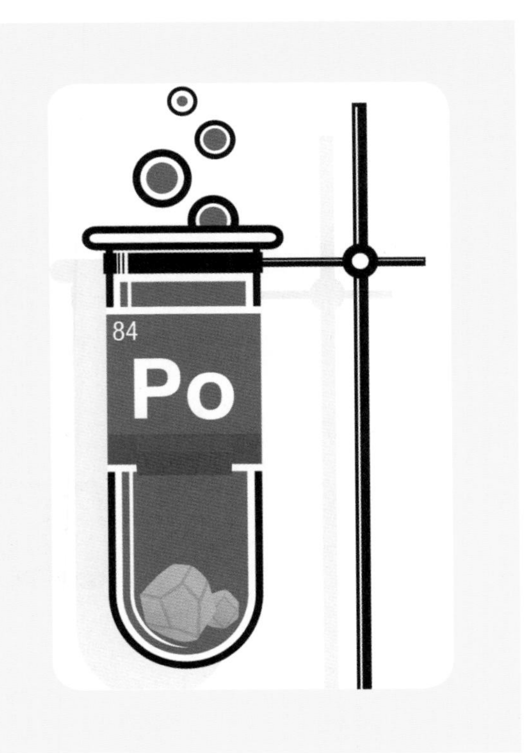

最著名的发现——镭

镭有剧毒，它能取代人体内的钙并在骨骼中浓集，慢性中毒可引起骨瘤和白血病。居里夫人最终就死于白血病。

达尔文

查理·罗伯特·达尔文，英国生物学家，进化论的奠基人。曾经花了五年的时间进行环球航行，对动植物和地质结构等进行了大量的观察和采集。出版《物种起源》，提出了生物进化论学说。

他认为生物之间存在着生存斗争，适应者生存，不适者被淘汰，这就是自然的淘汰法则。

富兰克林

美国的百元钞票上印着的人物是本杰明·富兰克林。他当时是出版商、印刷商、记者、作家、慈善家，更是杰出的外交家及发明家。他在发明领域有卓越的成绩。我们一起看看他的发明吧。

避雷针

避雷针是一根上端比较尖的金属棒，金属棒下端连接着导线，导线连到埋在地下的金属板上。避雷针是根据尖端放电的原理制成的。当导体带电时，尖端附近的电场特别强烈，使附近的气体电离，导致放电。避雷针有两个作用：一是当云块接近避雷针时，避雷针可以把静电感应带的电随时放入空中与云中的电中和，减少雷击的可能性；二是作为放电的通路，使电从避雷针的导线中流过，而不至于破坏建筑。

玻璃琴

玻璃琴是将碗状的玻璃由大到小依序串接后横卧于琴架，置在脚踏板驱动的传动轴上（像老式缝纫机一样）；演奏者坐在乐器后面，边踩着踏板，用沾湿的手指碰触玻璃碗的边缘，就可以发出动听的琴声。

诺贝尔

阿尔弗雷德·贝恩哈德·诺贝尔，是瑞典的化学家、工程师、发明家、军工装备制造商和炸药的发明者。诺贝尔一生致力于炸药的研究，他不仅从事理论研究，而且进行工业实践。

诺贝尔一生拥有355项专利发明，并在欧美等五大洲20个国家开设了约100家公司和工厂，积累了巨额财富。

1896年，诺贝尔在意大利逝世。诺贝尔生前立嘱将其遗产的大部分作为基金，将每年所得利息分为五份，设立诺贝尔奖，分为物理学奖、化学奖、生理学或医学奖、文学奖及和平奖，奖项授予世界各国在这些领域对人类做出重大贡献的人。

雷管的发明

雷酸汞又名雷汞，是一种非常容易引起爆炸的物质。雷管的发明成功地解决了炸药的引爆问题。

无烟火药的发明

无烟火药是一种以火药棉和硝化甘油混合的新型胶质炸药。这种新型炸药不仅有高度的爆炸力，而且更加安全，既可以在热辊子间碾轧，也可以在热气下压制成条绳状。

贝尔

亚历山大·格雷厄姆·贝尔，是一位著名的发明家和企业家。他发明了世界上第一台可用的电话机，创建了贝尔电话公司。被誉为“电话之父”。此外，他还制造了助听器，改进了爱迪生发明的留声机。

电话机的发明

贝尔的爱人是一名聋哑人。为了让自己的妻子与更多听力不好的人听到声音，他开始研究如何让声音传化成电信号，这一研究的导向成就了电话的发明。

电话机的工作原理

人对着话筒说话，话筒把声音振动转化成强弱变化的电流；电流流经听筒，听筒内电磁铁的磁性受电流的影响变得忽强忽弱，使薄铁片振动而发出和说话人相同的声音。

伽利略

伽利略·伽利雷，是意大利数学家、物理学家、天文学家，科学革命的先驱。伽利略发明了摆针和温度计，在科学上为人类做出过巨大贡献，是近代实验科学的奠基人之一。他还论证了日心说，提出自由落体定律，使力学和天文学得到了长足的发展。

日心说

伽利略用望远镜观察到了一些可以支持日心说的天文现象，反驳了托勒玫的地心体系，有力地支持了哥白尼的日心学说。

自由落体定律

伽利略站在斜塔上面让不同材料构成的两个物体同时从塔顶落下来，并测定下落时间是否有差别。结果发现，两个物体同时落地，不分先后。也就是说，下落运动与物体的具体特征并无关系。无论木质球或铁质球，如果同时从塔上开始下落，它们将同时到达地面。伽利略通过反复的实验，认为如果不计空气阻力，轻、重物体的自由下落速度是相同的，即重力加速度的大小都是相同的。

瓦特

詹姆斯·瓦特，是英国发明家，也是第一次工业革命的重要人物。1776年制造出第一台有实用价值的蒸汽机。以后又进行一系列重大改进，使之成为“万能的原动机”，在工业上得到广泛应用。他开辟了人类利用能源的新时代，使人类进入“蒸汽时代”。

蒸汽机的原理

蒸汽机原理是靠蒸汽的膨胀作用，把燃料（煤）的热能转变为机械能。煤在燃烧过程中，其中蕴藏的化学能就转换成热能，把锅炉中的水加热、汽化，形成400℃以上的过热蒸汽，再进入蒸汽机膨胀做功，推动汽机活塞往复运动，活塞通过连杆、摇杆，将往复直线运动变为轮转圆周运动，将热能转变为机械能。

巴甫洛夫

伊万·彼得罗维奇·巴甫洛夫，是俄国生理学家、心理学家、医师、高级神经活动学说的创始人、高级神经活动生理学的奠基人、条件反射理论的建构者，也是传统心理学领域之外对心理学发展影响最大的人物之一，因对狗的研究而著名。

巴甫洛夫的狗

巴普洛夫早年致力于研究狗的消化系统，他发现狗见到食物就会分泌出大量的唾液，听到铃声却没有任何反应。巴甫洛夫每次都会让狗先听到铃声然后再给狗喂食，经过一段时间的训练之后，狗一听到铃声就会分泌出大量的唾液，即使没有食物也会产生强烈的反应。

巴甫洛夫由此认为存在着两种反射：一种称为条件反射，狗听到铃声就会分泌唾液，这是可以通过后天学习获得的行为；另一种称为非条件反射，狗见到食物就会流口水，这是与生俱来的行为。

科学名词早知道

凹透镜

中央部分比边缘部分薄，能使光线发散的透镜，也被称为“发散透镜”。

应用：近视眼镜镜片，猫眼。

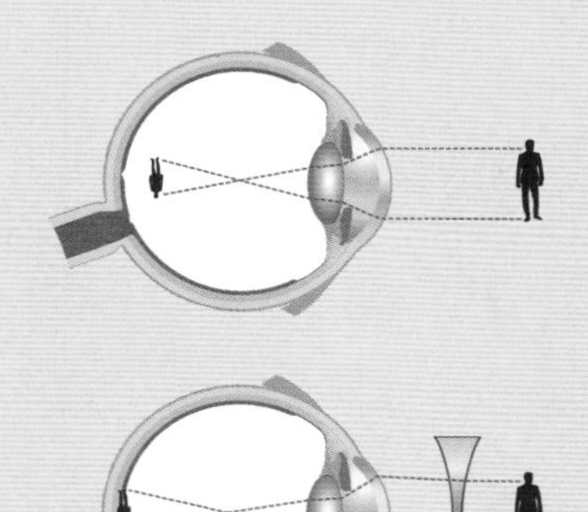

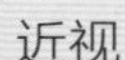

凸透镜

中央较厚，边缘较薄，能够使光线聚集的透镜，也被称为“聚透镜”。

应用：远视眼镜镜片，望远镜。

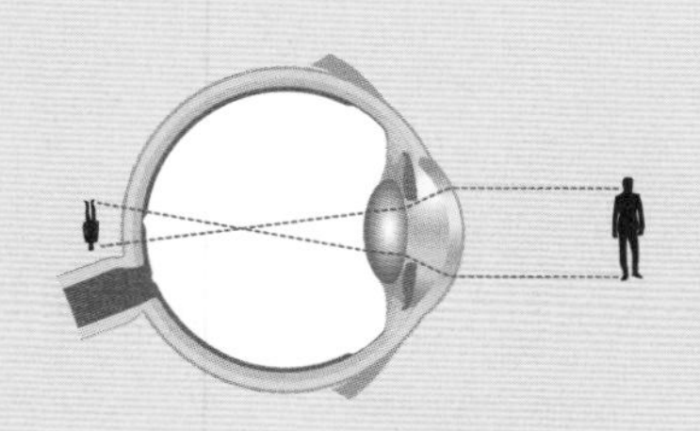

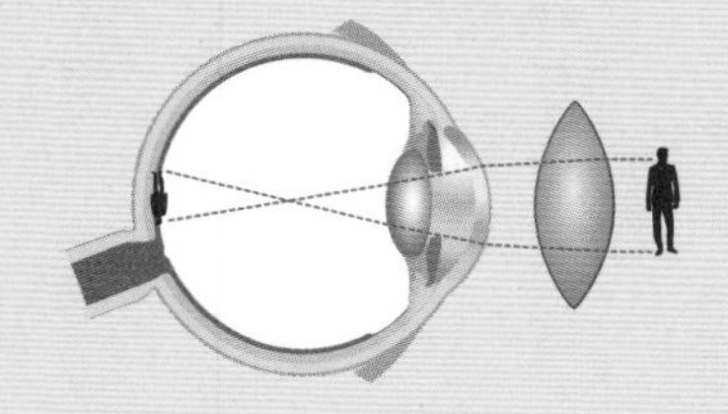

远视

凹面镜

凹进去的镜面。当平行光照在上面时，通过其反射而聚在镜面前的焦点上。

凸面镜

镜面凸出，也叫广角镜、反光镜、转弯镜。用于各种弯道、路口。可以扩大司机视野，及早发现弯道对面车辆，以减少交通事故的发生，也用于超市防盗，监视死角。

光束

通过一定面积的一束光线，就叫作光束，也称“光线束”。

反射

波在传播过程中由一种媒质到达另一种媒质界面时，返回原媒质的现象，就叫作反射。

焦点

焦点就是平行光束经过透镜折射或曲面镜反射后的交点。

曲面镜或透镜中某一特定点与其主要交点之间的距离，就叫作焦距。

波在传播过程中，由一种媒质进入另一种媒质中时，传播方向发生偏折的现象就叫作折射。在同一类媒质中，由于媒质本身的不均匀而使波的传播方向发生改变的现象也叫作折射。

散射

当光束或波动等在光学性质并不均匀的媒质中传播的时候，光束或波动等会偏离原来的方向而分散传播，这一现象及过程就叫作散射。

溶质是溶液中被溶剂溶解的物质。溶质可以是固体（如溶于水中的糖和盐）、液体（如溶于水中的酒精）或气体（如溶于水中的气体）。

溶剂是一种可以溶化固体、液体或气体溶质的液体、气体或固体。在日常生活中最普遍的溶剂是水。

溶解

一种物质（溶质）分散于另一种物质（溶剂）中成为溶液的过程。溶液并不一定为液体，可以是固体、液体、气体。

在一定温度条件下，一定体积的溶液中能容纳溶质的数量是一定的，当溶质在该溶剂中的溶解达到最大限度的时候，该溶液就叫作饱和溶液。

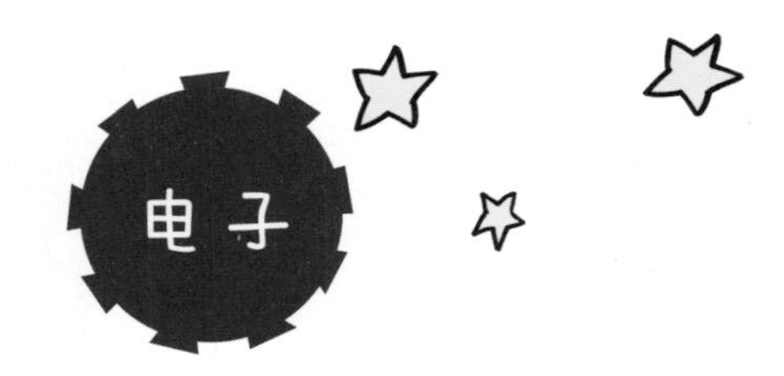

电子是电量的基本单元，一切原子都是由一个带正电的原子核和围绕它运动的若干电子组成的。电子的定向流动就形成了电流。

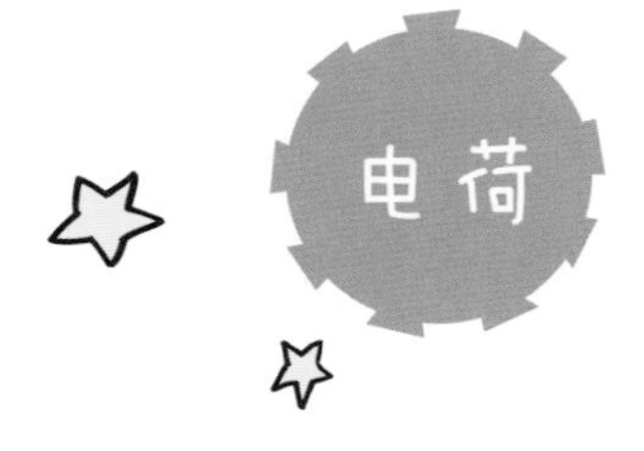

物质、原子或者电子等所带的电的量，就叫作电荷。

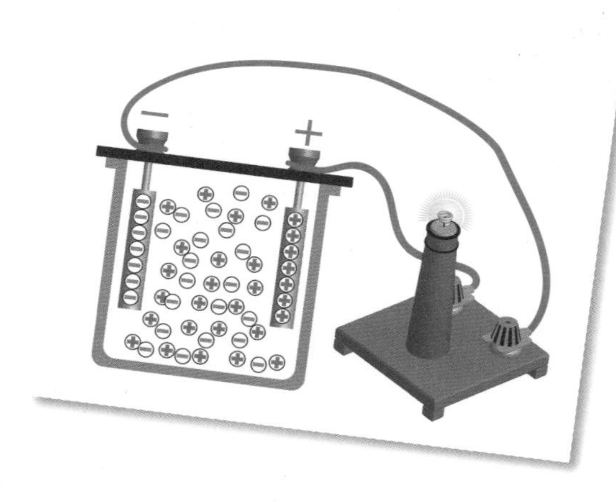

在单位时间里，通过某一截面的电荷量，就叫作电流，电流是电荷在电场力的作用下定向流动形成的。

静电场或是电路中两点之间的电势差就是电压。

能够很好地传导电流的物体就叫作导体。金属是最常见的一种导体。

指物质阻碍电流通过的性质。在电压一定的情况下，电阻越大，通过的电流越小。形状和体积相同的不同物质，电阻的差别很大，金属的电阻最小，但是，随着温度的升高，其电阻会变大。

静电指静电荷，用来称呼电荷在静止时的状态。静止电荷所产生的电场即为静电场，是指不随时间变化的电场。

惯性是物体的基本属性之一，它反映了物体具有保持原有运动状态的性质。

地球表面附近的物体所受到的地球引力就是重力，广义上讲，任何天体使物体向该天体降落的力，都称为“重力”，如“月球重力”“火星重力”。

物体各部分所受重力的合力的作用点，就叫作该物体的重心。在物体内各部分所受重力可看作平行力的情况下，重心是一个定点，它与物体所在的位置以及如何放置是无关的。

人和动物由于地球引力而有重量，当同时受到其他惯性力如离心力的作用时，如果这个力正好能够抵消地心引力，就会产生失重现象。

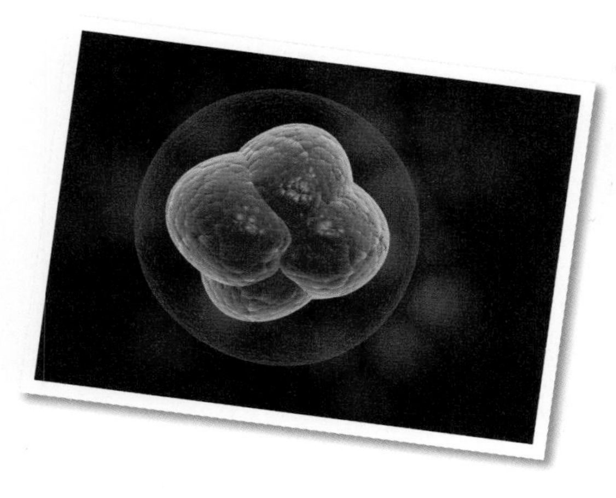

细胞是生物体结构和功能的基本单位，一般由细胞核、细胞质、细胞膜组成。细胞通常非常微小，通过显微镜才能观察到，但也有肉眼可见的大型卵细胞。

1.植物纤维：种子植物体内纵向生长、壁较厚的细胞，是植物在适应陆生的进化中逐步演化而来的。

2.动物纤维：组成动物体内各组织的细而长、呈线状的结构。

叶绿素是存在于植物叶绿体中的一种非常重要的绿色色素，是植物进行光合作用时吸收和传递光能的主要物质。

绿色植物吸收阳光的能量，同化二氧化碳和水，制造有机物质并释放氧气的过程，就叫作光合作用。

相互接触的两个物体在接触面上发生的阻碍相对运动或相对运动趋势的现象，就叫作摩擦现象。

相互接触的两个物体在接触面上发生的阻碍相对运动或相对运动趋势的力，就叫作摩擦力。

一个物体在另一个物体上滚动（或有滚动趋势）时，所受的阻碍作用，就是滚动摩擦。在其他条件相同的情况下，克服滚动摩擦所需的力要比克服滑动摩擦所需要的力小得多。

一个物体在另一个物体上滑动（或有滑动趋势）时，所受到的阻碍作用，就是滑动摩擦。在其他条件相同的情况下，克服滑动摩擦所需的力要比克服滚动摩擦所需的力量大得多。

混合物

几种物质掺和在一起的集合体，就叫作混合物。其中的每一种物质都保持其原有的化学特性。

碱

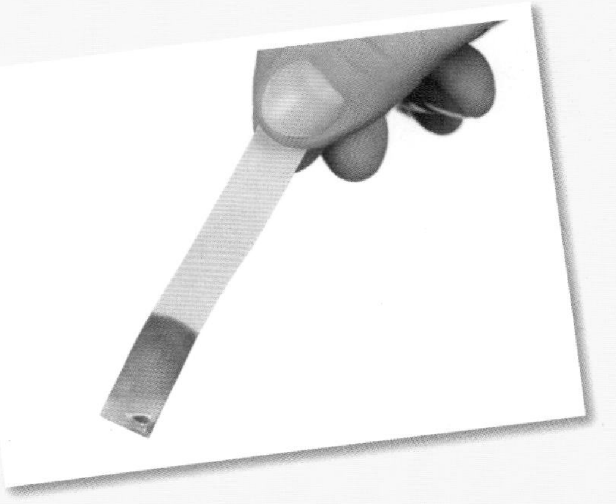

在水溶液中能够电离出氢氧根离子的化合物。碱的共同特性是：溶液有涩味，有腐蚀性，能够使红色石蕊试纸变蓝，能够与酸发生中和反应。

酸

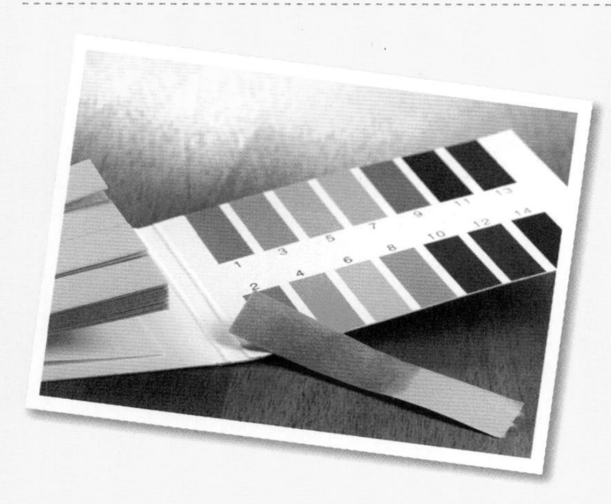

在水溶液中电离时产生的阳离子都是氢离子的化合物。酸类的共同特点是：溶液有酸味，能够使蓝色的石蕊试纸变红，能够与碱发生中和反应。

中和反应

化学上指氢离子与氢氧根离子结合成水的化学反应。其产物是水和盐类。

物体由气体状态变为液体状态的现象，就叫作液化。物体在液化过程中需要放出热量。

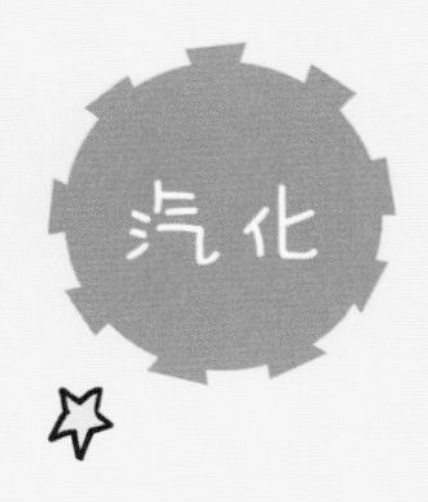

物体由液体状态变为气体状态的现象，就叫作汽化。汽化有蒸发和沸腾两种形式。物体在汽化过程中需要吸收热量。

物体从固态变成液态的过程，就叫作熔化。熔化需要吸收热量，是吸热过程。

物质由于温差太大，从固态不经过液态直接变成气态的相变过程。升华需要吸收热量，是吸热过程。

物体由液体变为固体的过程，就叫作凝固。液态晶体物质在凝固过程中放出热量，在凝固过程中其温度保持不变，直至液体全部变为晶体为止。

晶体物质凝固时的温度，就是这种物质的凝固点。

物质跳过液态直接从气态变为固态的现象。这是物质在温度和气压低于三相点（在热力学里，可使一种物质的气相、液相、固相共存的一个温度和压强的数值）的时候发生的一种物态变化。凝华过程中物质要放热。

在液体的表面发生的汽化现象就是蒸发。蒸发在任何温度下都能进行，温度越高、液体的暴露面越大，该液体表面的汽化速率也就越快。

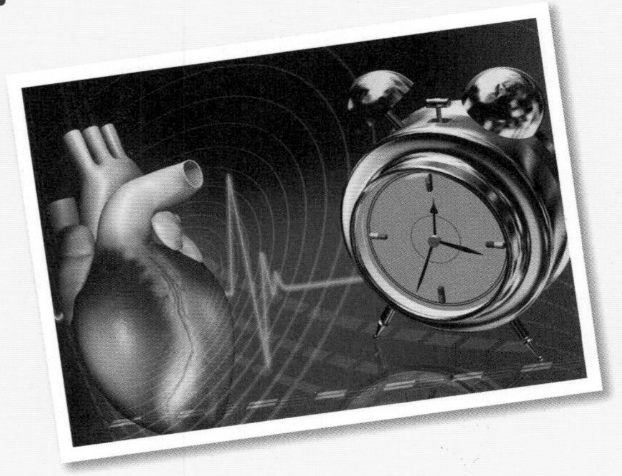

物体经过平衡位置而来回往复运动的过程就叫作振动，如果每经过一段时间，振动体又回到原来的状态，就叫作“周期振动”，钟摆的振动就是周期振动。

在一个振动系统中，当外力的频率与其固有的频率接近或相等时，振动的频率会急剧增大的现象。

1.一个振动中的物体，在单位时间内，完成振动的次数就叫作该物体振动的频率。

2.在相同的条件下做若干次实验，随机事件发生的次数与总实验次数的比值，就称为这个随机事件发生的频率。

体积增大的过程，就叫作膨胀。

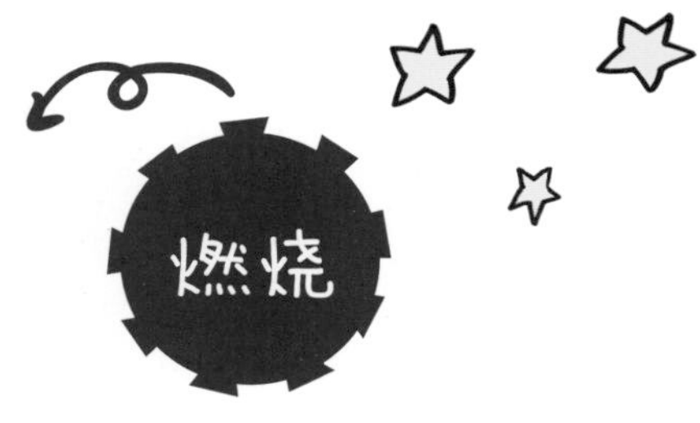

两种物质发生化学反应而剧烈地发光、发热的现象就叫作燃烧。

一种物质通过细小的空隙进入另一种物质中的过程，就叫作渗透。这种现象广泛地存在于物理、化学、生物等领域中。

在某一温度下，单位体积的某一物质的质量，就叫作该物质的密度。水的密度在4℃时是1000千克/米^3。

在某一范围内，单位体积内物质的量，就叫作这种物质在该范围内的浓度。

质量是量度物体惯性大小的物理量。

物体所占空间的大小，叫作物体的体积。

浸没在液体中的物体，所受的各个方向上的静压力的合力，就叫作浮力。

物理学上指垂直作用于物体表面的力，例如桌子对水平面施加的力、大气对液体表面所作用的力。

垂直作用在物体单位面积上的力，就叫作压强。

向心力是当物体沿着圆周或者曲线轨道运动时，指向圆心（曲率中心）的合外力作用力。对于在做圆周运动的物体，向心力是一种拉力，其方向随着物体在圆周轨道上的运动而不停改变。

某些物质能够吸引铁、镍、钴等物质，这种特性就叫作磁性。

由运动的电荷或电流产生的，能够传递运动电荷、电流之间相互作用的一种物理空间，就是磁场。它能够同时对该空间中的其他运动电荷或电流发生力的作用。

原子是组成物质的最小微粒，由带正电荷的原子核和绕核运动着的电子组成。

原子核指原子的核心部分。原子的质量几乎全部集中在原子核上，在一般化学反应中，原子核不发生变化。

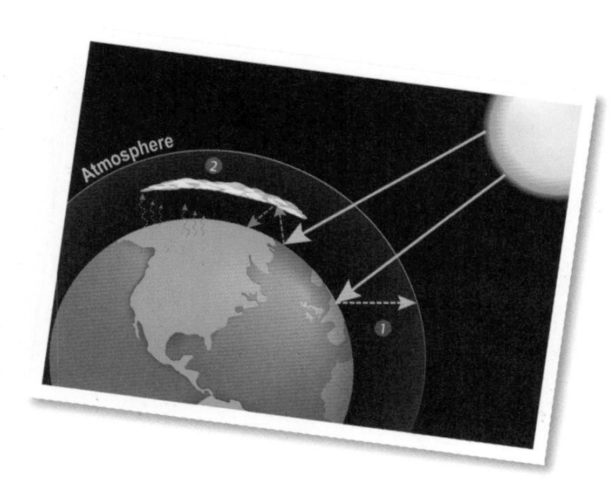

在包围着地球的气体层中，任何一层都叫作大气层。

一个标准大气压的规定：把温度为0℃、纬度45度海平面上的气压称为1个大气压，水银气压表上的数值为760毫米水银柱高（相当于1013.25百帕）。

在液体表面和内部同时发生的剧烈的汽化现象，就叫作沸腾。沸腾在某一特定温度下发生。沸腾过程中，液体不断吸收热量，但温度保持不变。

液体沸腾时的温度，就叫作沸点。不同液体在相同的压强下，沸点不同；相同的液体在不同的压强下，沸点不同。

物体由于做机械运动而具有的能量，就叫作动能。

在某一个系统中，由于各物体之间存在力的相互作用而具有的能量，就叫作势能，也叫作“位能”。通常，为克服物体间的相互作用力而发生位置变化时所做的功，会使系统的势能增加。

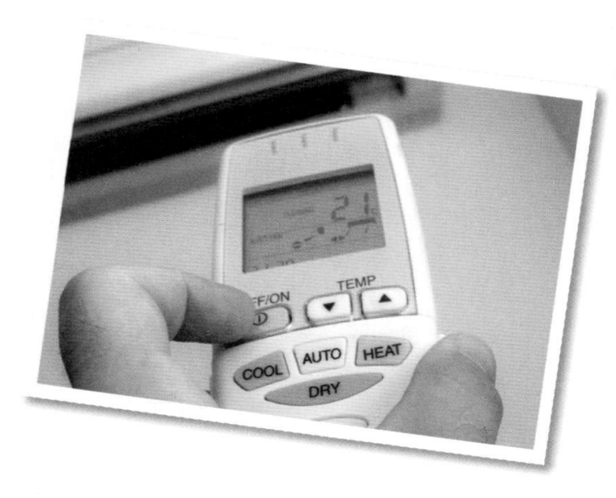

能量是物质运动的属性，常简称为“能”。相应于不用的运动形式，能量可以分为机械能、电能、化学能、核能等。

在化学反应里能改变反应物化学反应速率（提高或降低）而不改变化学平衡，且本身的质量和化学性质在化学反应前后都没有发生改变的物质叫催化剂（固体催化剂也叫触媒）。

一种或多种物质改变化学组成、性质和特征，成为与原来不同的另外一种或多种物质的变化，就叫作化学反应。在化学反应过程中通常还伴有能量的变化。

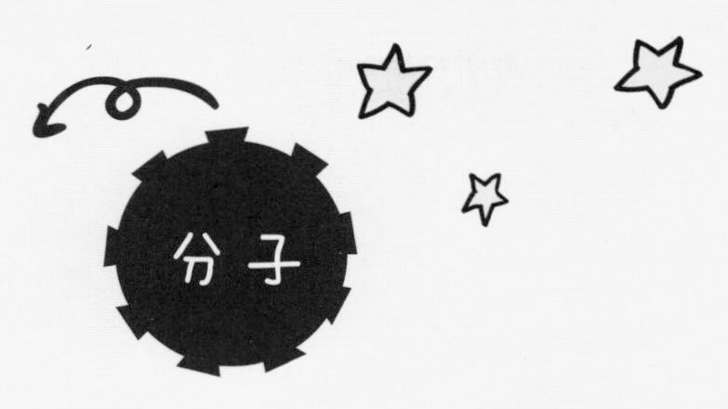

物质中能够独立存在并能保持该物质一切化学特性的最小粒子，就叫作分子。

分解是化学反应的一种类型，是指由一种化合物产生两种或两种以上成分较简单的物质的过程。

由结晶质构成的物体就叫作晶体，晶体是具有格子构造的物体。绝大多数金属、矿物质、陶瓷、冰雪、食盐、蛋白质等，都属于晶体。

当一个平衡器（衡量物体重量的器物）两端所承受的重量相等时，即称它们是平衡的。

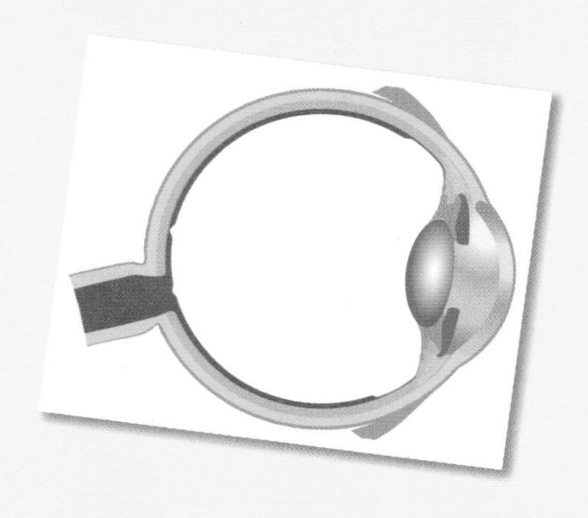

视网膜是眼球最内一层膜，主要由能感受光刺激的视觉细胞和作为联络与传导冲动的多种神经元组成。

一种物体在外力作用下发生形变，如果去除外力，形变随即消失，我们就称该物体具有弹性。

酶是物体产生的一种蛋白质，它具有催化作用，而且这种催化作用非常专一，比如：淀粉酶只作用于淀粉、葡萄糖氧化酶只导致葡萄糖的氧化。

生物体内的有机物在细胞内经过一系列的氧化分解，最终生成二氧化碳、水或其他产物，并且释放出能量的总过程，叫作呼吸作用。呼吸作用，是生物体在细胞内将有机物氧化分解并产生能量的化学过程，是所有的动物和植物都具有的一项生命活动。

水分以气体状态通过植物表面，蒸散到体外的现象就叫作蒸腾作用。蒸腾具有降温、促进水分和矿物质等养分吸收和转运等益处。在干旱地区，植物常具有特殊结构，以减少蒸腾。

黑洞

是广义相对论所预言的一种天体，外来的物质能进入其中，其中的物质却不能逃逸出去。

恒星

由炽热的气体组成，能够自己发光的天体，就叫作恒星。

行星

在椭圆的轨道上环绕太阳运行、近似球形的较大天体，就叫作行星。行星是太阳系的主要成员，本身一般不发光。按距太阳的距离（由近及远），有水星、金星、地球、火星、木星、土星、天王星和海王星八颗行星。其他的恒星也有可能有行星。